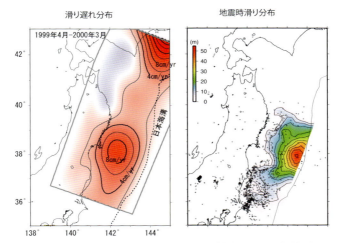

図 1.9 地殻変動観測から求まった滑り遅れが蓄積している領域（Nishimura et al., 2004）と，地震時の断層滑り分布（Yagi and Fukahata, 2011）の比較（本文 p.11）

宮城沖を中心として広大な領域で滑り遅れが蓄積していたことがわかります．

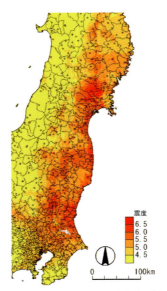

図 2.1 東日本大震災による震度分布（本文 p.20）

図 3.4　福島県いわき市佐糠町，岩間町の被災状況（本文 p.44）

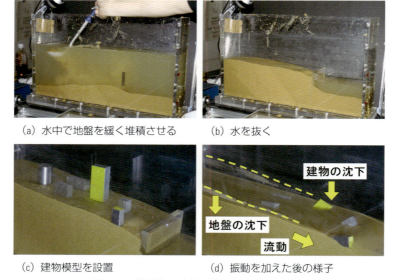

(a) 水中で地盤を緩く堆積させる　(b) 水を抜く

(c) 建物模型を設置　(d) 振動を加えた後の様子

図 4.18　液状化と流動の模型実験（本文 p.68）

図 5.24 弘道館孔子廊の外壁剥落
（水戸市）（本文 p.81）

図 5.26 津波により倒壊した木造住宅（北茨城市大津港）（本文 p.82）

図 5.27 液状化により傾いた木造建物（潮来市）（本文 p.82）

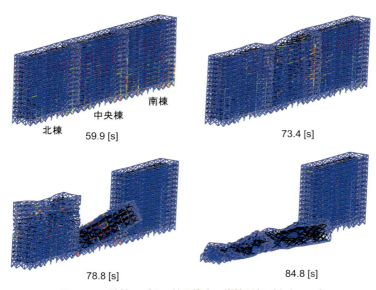

図 6.15 3連棟モデルの棟間衝突・崩壊現象（本文 p.111）

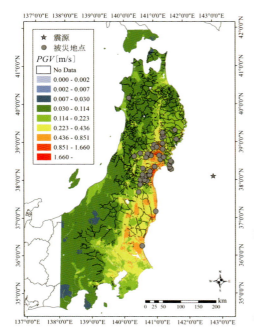

図 7.2 東北地方太平洋沖地震の際に斜面の崩壊に伴って発生した道路の被害箇所（本文 p.119）

図中の背景は地表面最大速度（Peak ground velocity, PGV）の空間分布を表しています．

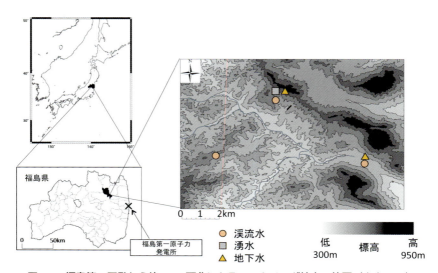

図 8.8 福島第一原発から約 30 km 西北にあるモニタリング地点の位置（本文 p.146）

Mega Earthquake and Induced Complex Disasters
Occurrence, Damage and Reconstruction

巨大地震による複合災害

発生メカニズム・被害・都市や地域の復興

八木 勇治・大澤 義明 編著
edited by Yuji YAGI, Yoshiaki OHSAWA

筑波大学出版会

Mega Earthquake and Induced Complex Disasters
–Occurrence, Damage and Reconstruction–
Edited by Yuji YAGI, Yoshiaki OHSAWA

University of Tsukuba Press, Tsukuba, Japan
Copyright © 2015 by Yuji YAGI, Yoshiaki OHSAWA
ISBN978-4-904074-38-1 C3044

序

　2011年3月11日に東日本をマグニチュード（M）9の巨大地震が襲いました．当時，私は大学の研究室で論文を読んでいました．揺れ始めてから十数秒は，「ついに宮城県沖のM 7.5クラス大地震が起こったかな，揺れが収まるのを待って事務室のテレビを見に行こう」と考えていたのですが，一向に揺れが収まる気配はなく，逆に揺れは強まるばかりでした．たまらず研究室を飛び出し，広場に避難しましたが，何が起きたのか全く理解できない状態でした．東北沖の広い領域に莫大な歪みが蓄積しつつあったことは認識していましたし，5年ほど前からこの地域で大地震後のゆっくり滑りが止まらないような不可思議な現象が発生していたのも知っていました．なぜ，これらの観測事実に真摯に向き合えなかったのか．人間には物事が起こる前に予測可能だったと考える傾向があり，これを後知恵バイアスと呼びます．私が事前に警告を発することができたのではないかと考えるのは，後知恵バイアスがなせる技であると認識していても悔やんでも悔やみきれない思いです．

　巨大地震とそれが引き起こす被害は広範囲にわたっており，複合的な要因によって被害は拡大の一途をたどりました．復興はいまだ道半ばです．経済や社会は発展するに従い複雑化し，かつ特定の環境に対して最適化する傾向があります．生物も特定の環境に適用するために進化する傾向がありますが，最適化しすぎるとちょっとした環境変動で絶滅することがあります．これと同じように経済や社会も，特定の環境に合うように最適化しすぎると，環境変動や地震・津波といった外力に対して抵抗力を失いやすくなります．このような事柄を「発展のパラドックス」と呼ぶことがあります．思えば人類の歴史は，発展のパラドックスによって威力が増幅された大災害と，それを克服する歴史でもあります．

　高度化した近代社会・都市において，巨大地震による大被害を軽減するための技術や仕組みを作り上げる必要性と緊急性は極めて高いといえます．また，巨大地震というとてつもない災害をもたらす現象に対峙するには，国や自治体

による対策のみでは不完全で，巨大地震の性質，被害，影響を正しく知り，一人一人が対策を講じることも重要となってきています．巨大地震を理解し対策を練る，またより良い復興を実現するには，理学・工学・農学といった理系の研究者のみではなく，歴史学・心理学といった文系の研究者らが真の意味で連携することが重要であることはいうまでもありません．また，日本は人口減少，少子高齢化といった問題も抱えている国です．今後どのように日本という国を災害に強い国にしていくのかを考えるとき，人口や年齢構成の長期的な変化を無視することはできません．

　本書は，大学1～2年生の学生向けに，できるだけ平易に，巨大地震による複合災害について，巨大地震の発生メカニズムから被害，都市や地域の復興までをまとめました．章立てについては，順序立てて複雑な現象を理解するために，ある事象が次の事象を引き起こすといった時系列と因果関係を意識して構成しています．第1章では震災を引き起こした巨大地震・津波の発生メカニズム等について，第2章では巨大地震の揺れの特徴と揺れがもたらす被害について，第3章では巨大地震によって引き起こされた津波の実態とその対策について，第4章では地面の揺れによって発生する液状化や斜面崩壊について，第5章では地面の揺れによって発生した建物被害の特徴について，第6章では建築物が崩壊するメカニズムについて，第7章では社会インフラの被害と対策について，第8章では原発事故によって放出された放射性物質の挙動について，第9章では物質的な被害が発生した後の人間行動や社会的な影響について，第10章では大震災後の社会的な影響の精査と復興を円滑に行うために必要な合意形成について取り扱いました．震災が発生したメカニズムと復興の課題について，時系列や因果関係を意識して読んでいただきたいと考えています．

　本書は，東日本大震災後に発足した文部科学省特別経費研究プロジェクト「巨大地震による複合災害の統合的リスクマネジメント」の成果物です．筑波大学・関係機関・地方自治体の関係者には，プロジェクトの立ち上げから運営までサポートしていただきました．また，本書を作成するにあたり様々な機関が収録したデータを使用させていただきました．記して感謝の意を表します．

平成27年11月

八木勇治

目　次

序

第1章　地震現象と津波現象────────────────1
（八木勇治・藤野滋弘・エネスク ボグダン）

1.1　地震現象（八木・エネスク）　1
　(1)　地震が発生する原因
　(2)　地震動
　(3)　地震を測る
　(4)　断層の動きと地震動
　(5)　巨大地震

1.2　古地震と古津波（藤野）　11
　(1)　地層と地形に刻まれた巨大地震の痕跡
　(2)　歴史時代の地震津波と地層に残された記録
　(3)　数千年の時間軸で見た巨大地震

第2章　地震の揺れと被害────────────────19
（境有紀）

2.1　東日本大震災の揺れによる被害と阪神・淡路大震災　19
2.2　揺れの周期と被害の関係　26
2.3　過去に起こった地震による被害　28
2.4　震度や津波警報などの防災システムの問題点　31
2.5　地震災害とは　33
2.6　地震災害の軽減に向けて　36
　コラム　地震名と災害名について　38

第3章　大津波の実態とこれからの津波防災 —————————— 39
　　　　　（武若聡・藤野滋弘）
3.1　津波の発生と沿岸への来襲（武若）　39
3.2　研究者・技術者・行政担当者による浸水調査（武若）　41
3.3　福島県いわき市勿来海岸の津波被害（武若）　44
3.4　これからの津波防災対策（武若）　46
コラム　東北地方太平洋沖地震津波の堆積物調査（藤野）　49

第4章　地盤災害 —————————————————————— 51
　　　　　（松島亘志）
4.1　地震による地盤災害の概要　51
4.2　地震の揺れに及ぼす表層地盤の影響　52
　（1）　地盤の形成についての基礎知識
　（2）　表層地盤での揺れの増幅
　（3）　表層地盤の硬さの評価と耐震設計
　（4）　現状のまとめと今後の課題
4.3　地震による斜面崩壊　57
　（1）　自然斜面崩壊，盛土崩壊の事例
　（2）　斜面崩壊解析の基礎
　（3）　土砂災害対策の現状
　（4）　現状のまとめと今後の課題
4.4　地盤の液状化と流動　66
　（1）　これまでの被害事例の概要
　（2）　液状化と流動の模型実験
　（3）　液状化のメカニズム
　（4）　液状化危険度判定と対策の現状
　（5）　液状化と流動に関するまとめと今後の課題
4.5　地盤災害の軽減に向けて　73

目次 vii

第5章 建物被害 ——————————————— 75
　　　　　（金久保利之・八十島章）
5.1 東北地方太平洋沖地震における茨城県内の建物被害の概況　75
　(1) 茨城県内の被害分布
　(2) 地震動による被害
　(3) 津波による被害
　(4) 液状化による被害
　(5) 茨城県内の建物被害のまとめ
5.2 鉄筋コンクリート造建物の耐震診断　83
　(1) 耐震診断基準と促進法
　(2) 耐震診断の考え方
　(3) 耐震診断の手順
　(4) 耐震性能の判定
　(5) 耐震補強の考え方
5.3 東北地方太平洋沖地震で
　　被災した鉄筋コンクリート造建物の分析例　91
　(1) 建物概要と地震被害
　(2) 耐震診断による分析
　(3) 地震応答解析による分析

第6章 地震による建物の崩壊挙動を再現する ——————— 97
　　　　　（磯部大吾郎）
6.1 数値シミュレーションの技術　97
6.2 建物の崩壊挙動を再現するための数値解析手法　99
6.3 簡易モデルによる隣棟間衝突解析　103
　(1) 簡易モデルの構成
　(2) 解析条件
　(3) 解析結果
6.4 3連棟モデルによる棟間衝突解析　107
　(1) 3連棟モデルの構成

(2) 解析条件
　　(3) 解析結果
　6.5　シミュレーション技術の高度化に向けて　112

第7章　社会的基盤施設の被害とその設計 ―――――― 115
　　　　　　（庄司学・山本亨輔）
　7.1　社会的基盤施設の被害（庄司）　115
　　(1) 長周期地震動による被害―都市内の高架橋―
　　(2) 斜面崩壊による被害―道路インフラ―
　　(3) 液状化による被害―上・下水道の埋設管路―
　　(4) 津波による被害―エネルギー供給施設，下水処理場，橋梁―
　7.2　設計全般と耐震設計（山本）　126
　　(1) 設計法の発展
　　(2) 構造物の経年劣化と維持管理
　　(3) 次世代インフラの設計
　コラム　L1津波とL2津波および
　　　　　レベル1地震動とレベル2地震動（庄司）　135

第8章　原発事故による放射性物質の長期的環境動態とその影響― 137
　　　　　　（田村憲司・辻村真貴・山路恵子・恩田裕一）
　8.1　原子力発電所事故による放射性物質放出（辻村）　137
　8.2　陸域生態系における放射性物質の動態と環境影響（田村，恩田）　138
　8.3　水循環系における放射性物質の動態（辻村，恩田）　143
　　(1) 水循環と放射性物質の動き
　　(2) 福島におけるセシウム137の水系への移行実態
　8.4　植物と微生物との
　　　　相互作用における放射性セシウムの挙動（山路）　148
　　(1) 植物と微生物との相互作用
　　(2) 植物―微生物共生系における放射性セシウムの吸収
　　(3) 重金属蓄積性植物と微生物の相互作用における放射性セシウムの挙動

(4)　植物—微生物系の放射性セシウム吸収メカニズムの解明に向けて
　8.5　放射性セシウムの除染（田村）　152

第9章　人間行動と社会的影響 ―――――――――― 157
　　　　　（糸井川栄一・梅本通孝）
　9.1　地震による住居の室内被害と避難行動（糸井川）　157
　(1)　アンケート調査内容
　(2)　回答世帯者の防災対策状況
　(3)　東日本大震災の室内被害状況とその特徴
　(4)　マンションの特性による被害状況の違い
　(5)　避難実施状況とその要因
　(6)　事前対策と住民間共助の重要性
　(7)　災害時におけるマンション住民の自立のために
　9.2　液状化被害による生活支障と居住（梅本）　167
　(1)　潮来市日の出地区の概要
　(2)　住民調査の概要
　(3)　震災による被害状況
　(4)　震災後の転居に関する要因分析
　(5)　居住継続意向に関する要因分析
　(6)　液状化被災地の復興に向けて
　コラム　防災教育は究極の防災対策（梅本）　179

第10章　被災自治体での課題 ―――――――――― 181
　　　　　（大澤義明・小林隆史・太田尚孝）
　10.1　被災自治体の課題　181
　(1)　被災地は将来の日本社会の縮図
　(2)　大震災を踏まえてのパラダイム変換
　(3)　パラダイム変換を乗り切るための一つの処方箋
　10.2　被災地での人口減少・少子高齢化の加速化　184
　(1)　大震災前の人口動態と計画人口

(2) 大震災後の人口動態
　(3) 計画人口の見直し―大震災が残した爪痕―
10.3　庁舎建設での合意形成の課題　189
　(1) 大震災後に起きた庁舎建設ラッシュ
　(2) 庁舎建設と住民の意思表明
　(3) 地方自治法の改正―大震災が気づかせた制度づくりの遅れ―
10.4　地元高校生らによるまちづくりワークショップの実践　194
　(1) いわき市の復旧・復興状況と課題
　(2) 高大連携まちづくりワークショップ
　(3) シルバー民主主義からの脱却―大震災が認識させたワカモノ目線―
10.5　持続的なまちづくりへの挑戦　200

巻末資料　203
編集者・執筆者一覧　205
索　引　207

第1章
地震現象と津波現象

八木勇治・藤野滋弘・エネスク ボグダン

　地震は，地下に蓄積された歪みが短時間で解放される現象です．巨大地震が発生すると短時間で莫大な歪みが解放されるために，周囲の人間活動に多大な影響を及ぼします．2011年東北地方太平洋沖地震は，日本で発生した地震としては観測史上最大のマグニチュード9の巨大地震でした．この巨大地震は，海底近傍で発生したため，地下を伝わる揺れのみではなく，巨大津波が日本を襲いました．2011年東北地方太平洋沖地震によって引き起こされた災害を総称して，東日本大震災と呼びます．本章では，大震災を引き起こす，地震現象と津波現象について解説します．

1.1　地震現象

　地震という突然襲ってくる現象を，昔の人はどのように解釈していたのでしょうか．原因もわからず突然大地が揺れるのですから，よほど恐ろしい現象であったことでしょう．9世紀の日本では，中国の科挙に似た国家試験制度があり，地震について記述する問題があったといわれています．当時は，地震は「なゐふる」と呼ばれていました．「なゐ」は大地，「ふる」は震えるという意味になっています．先ほどの問題に，現代の科学での正解「地震は，地下に蓄積された歪みが短時間で解放される現象である．歪みが解放されることによって生じた波が地下を伝播していき，揺れが観測される．」という回答を書いても試験に合格しなかったことでしょう．

　また，江戸時代に発生した安政の大地震後に，俗説で地震の原因と考えられていた大鯰を描いた錦絵である鯰絵が数多く出版されました（**図1.1**）．大鯰が反省している様子がコミカルに描かれているものもあり，飛ぶように売れた

図 1.1 現代版鯰絵
筑波大学の創造的復興：サイエンスビジュアリゼーション演習の作品（岸本玲海作）．大鯰が地面の揺れと津波を引き起こしており，建物が壊れてパニックに陥っている人がいる一方で，店員さんが冷静に食べ物を配給，建設関係の人が復旧作業に取り掛かっている様子が描かれています．

そうですが，残念なことに幕府の許可を得ていないものであったために，2ヶ月後に発行禁止になってしまったそうです．

　南米を旅しているときに，昔の人は蛇が原因で地震が起こっていたと考えていたと聞きました．インカでは，ピューマが地上を，蛇が地下を，コンドルが天空を支配していたと考えられていたそうですから，然もありなんといった感じでしょうか．

(1) 地震が発生する原因

　地震が発生する原因が明らかになったのは，1906年サンフランシスコ地震（M 7.8）以後のことになります．アメリカ西部には，太平洋沿岸に沿ってサンアンドレアス断層が横たわっており，この断層の一部で蓄積した歪みが1906年のサンフランシスコ地震で解放されました．この地震は，現在のような地震対策が施されておらず，かつガス網が整備された都市を襲いました．そのため，ある家庭の台所でつけた火が大火災（サンフランシスコ大火災）をもたらし，

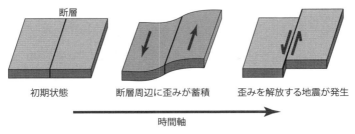

図 1.2　弾性反発説の概念図
断層面をずらすように歪んでいき，断層面とその周辺にせん断応力が蓄積していきます．地震によって断層面がずれることにより断層周辺に蓄積したせん断応力が解放されます．

多くの財産が失われたことでも有名です．この地震を調査したリード（H. F. Reid, 1859〜1944）は，大地震後に現れた地表断層を観察し，弾性反発説を提唱しました．

　弾性反発説では，断層をずらすような力が働いており，それによって歪みが蓄積され，蓄積された歪みが地震によって解放されると考えています（**図 1.2**）．ここで力と書きましたが，厳密にいうと応力という表現を使う必要があります．応力は単位面積にかかる力で，普段耳にする気圧は，ある面に対して垂直方向に作用する垂直応力に対応します．一方で，断層をずらすように断層面に作用するような応力はせん断応力と呼ばれます（**図 1.3**）．弾性という言葉も

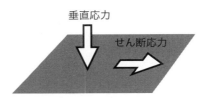

図 1.3　せん断応力と垂直応力
面をずらすように作用する単位面積当たりの力がせん断応力．面の法線方向に作用する単位面積当たりの力が垂直応力となります．

難しいですが，ゴムのように，作用させた応力だけ歪んで，応力を取り除くと元に戻るような性質のことです．つまり，弾性反発説では，何らかの原因で地下にせん断応力が蓄積されており，断層がずれることによって蓄えられたせん断応力が解放されると考えています．

さて，なぜ面をずらすようなせん断応力が地下蓄積されるのでしょうか．断層反発説は，この問いに答えを出すものではありませんでした．この問題は，1960年代に構築されたプレートテクトニクスによってほぼ解決したと考えられています．

プレートテクトニクスでは，「地球の地表付近は，剛体的な振る舞いをする複数のかたい板であるプレートに分割でき，それぞれのプレートは別々に動いており，プレート運動によってテクトニクス（大構造を作るような運動）が定まる」と考えています．各々のプレートは別方向に動いており，プレートとプレートがすれ違う境界（プレート境界）周辺の一部は固着しています．周りはズルズルとずれているのに，この固着している領域はずれていませんので，この領域をずらそうとする応力であるせん断応力が蓄積し，せん断応力を支えき

図1.4 震央分布とプレートの配置
プレート境界で数多くの地震が引き起こされていることがわかります．

れなくなったときに大地震が発生します．その結果，大地震の多くはプレート境界に集中しています（**図 1. 4**）．実は，大正時代には，日本の科学者である大森房吉によって，地震が発生する領域が帯状に分布していることが指摘されていました．

(2) 地震動

地震とは，地下で急激な運動が起こり，地震波が発生する現象です．ほとんどの地震で，急激な運動は地下の断層のズレに対応します．地殻やマントル内での急激な運動そのものを意味する場合は「地震」，その地震による揺れを意味するときは「地震動」と分けて記述する場合が多いです．著者は，地震動が断層のズレのプロセスに密接に関わっていることからこのような定義に違和感を覚えますが，本書では多数派の意見に従い記述します．

数秒の時間スケールで見ると，地球は，ゴムのような弾性体と見なすことができます．地下を伝播する地震波の伝播は，ゴムのような地球が，歪んだときに元に戻ろうとする力と，運動し続けようとする慣性力がコントロールしてい

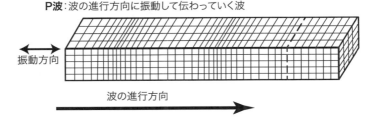

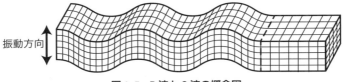

図 1. 5　P 波と S 波の概念図
P 波は波の進行方向に伸びたり縮んだりする動き，S 波は波の進行方向に直交する方向にずれる動きをします．

ます.元に戻る力が強いほど,波は早く伝わります.ゴムのような物体は,押したり引いたりする垂直歪みに対する動きと,横にずらすようなせん断歪みに対応する動きがあります.前者はP波,後者はS波に相当します.多くの場合S波はP波より振幅が大きく,P波の進むスピードは,S波の約$\sqrt{3}$(≒1.73)倍ほど速くなります.S波がP波より振幅が大きく,伝播速度が遅いのは,弾性体はせん断方向には変形しやすく,復元力が弱いからです(図1.5).

ある程度離れたところで起きた地震の揺れを観察してみると,初めに小刻みに揺れるP波,大きく揺れるS波のみではなく,その後ゆっくりと揺れる表面波があることがわかります.P波とS波は,地下を通ってくるので実体波と呼ばれます.一方で,表面波は地表を伝播する波で,ラブ波とレイリー波に分けられます.地下は層構造に近く,地表に近い層ほど遅くなる傾向があります.波は伝播速度が遅い層に入ると,その層から抜け出しにくくなります.地表付近の遅い層に閉じ込められたS波がラブ波です.ラブ波は,水平方向のみの動きですが,レイリー波は上下方向と水平方向の動きを持ち,地表が楕円を描くように振動する波です.地震時に車が上下にゆっくり揺れるのは,レイリー波によるものです(図1.6).

堆積盆地のようなS波の伝播速度が遅い堆積層が椀状に分布しているところでは,表面波によって数秒から数十秒の周期の揺れが長く続くことがままあります.周期が数秒から数十秒の波を長周期地震動と呼びます.この長周期地震動は,揺れやすい周期(固有周期)が数秒の高層建造物や大型建造物にとって破壊的な波となります.1985年メキシコ地震(M 8.0)では,震源域から数

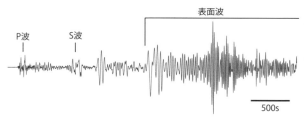

図1.6 スコットランドで観測された2011年東北地方太平洋沖地震の上下動

百 km 離れたメキシコシティで高層建築物が多大な被害を受けましたが，これは，シティのほとんどが軟弱な地盤に覆われていたために数秒の長周期の地震動が卓越したことが原因と考えられています．

(3) 地震を測る

1) 地震動を測る

地震を観測するときには，地震計を使用します．地震計は，地面が揺れても動かない点（不動点）を作って，その不動点と地面の相対的な位置を計測しています．地震計を用いると，加速度，速度，変位の時間変化を観測することができます．

地震動の強さは震度という物差しで計られる場合が多いです．日本では気象庁震度階級が定められており，10段階で評価しています．昔は気象台の職員が体感や周辺の建物被害から震度を決定していましたが，現在では，加速度記録に様々な処理を加えて計測震度を求めています．計測震度は，体感として揺れの強さとは良い相関があることが知られている一方で，震度と構造物の被害の関係性があまりないとも指摘されています．この問題については，第2章で詳しく述べられています．

2) 地震の規模を測る

水面に石を投げ入れたときの波紋の振幅は，石を投げ入れたところから離れると小さくなるように，地震動の強さ（最大振幅）も震源から離れるに従い小さくなります．距離によって減衰する効果を補正すると，震源での地震動の強さであるマグニチュードを推定することができます．

一方で，地震の規模が大きくなると地震動の周期の特性が変化することが知られています．一般に，地震の規模が大きくなるほど，断層の長さと幅，平均的な滑り量の値は大きくなります．マグニチュードが1大きくなると，断層の長さ，幅，平均的な滑り量はそれぞれ，3.2倍になります．地震が発生すると断層面上で，断層ズレ（破壊）が伝播します．この破壊が伝播する速度は，地表付近では約3 km/sです．断層が大きくなれば，破壊が伝播に要する時間も長くなるので，断層が動き続けている時間も長くなります．結果として，地震の規模が大きくなると，ゆっくりと揺れる成分が大きくなります（**図 1.7**）．

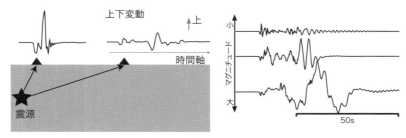

図 1.7　地震による地面の揺れの様式図
地震動の強さは，一部の例外を除けば，震源から離れるにつれて弱くなります．
また，地震の規模が大きくなるほど，大きくかつゆっくりと揺れるようになります．

　大きな地震を計測するには，長周期の波を使う必要があります．例えば，周期5秒程度の最大振幅は，M 7 以上ではほぼ同じ値となるので，最大振幅からマグニチュードを正確に測ることはできません．このような問題をマグニチュードの頭打ちと呼びます．

　地震の大きさは，地震モーメントからも推定することができます．地震モーメントは，動いた断層の面積が大きいほど，また，断層のズレの平均値が大きいほど大きな値となります．地震モーメントから決定したマグニチュードをモーメントマグニチュードと呼びます．東北地方太平洋沖地震のモーメントマグニチュードは 9.0 ですが，最大振幅を用いて気象庁が決定したマグニチュードはマグニチュードの頭打ちによって M 8.4 と求まっています．

　マグニチュードが大きくなるにつれて，地震の発生頻度は指数関数的に減少します．この事実は，地震が観測され始めた比較的初期の段階で確認されました．この法則を，グーテンベルグ・リヒター則（G–R 則）と呼びます．G–R 則が成立している場合は，地震がたくさん起こると，大きな地震が起こる可能性が高くなることになります．中小サイズの地震がたくさん起こると，地下に蓄えられた歪みが解消され，大きな地震が起こらなくなると考えがちですが，必ずしもそうではないことがわかります．

(4) 断層の動きと地震動

断層運動によって地震動が引き起こされるという考えを地震断層説といいます．この説によって，揺れと断層運動が関連づけられました．図 1.8 は，志田順によって調べられた，地震動の初動の押し引き分布を表した図です．驚くべきことに，地震の初動は押しと引きの領域を綺麗に分けることができることがわかります．これは，地震動と断層運動に何らかの関係があることを意味します．

断層のズレにより，震源域から外へと押し出される領域ではＰ波の初動は押しの波となります．逆に，Ｐ波の初動が引きの波の領域では，断層のズレによって震源域の方に引き込まれるような変動に対応します．実のところ，志田が求めた初動分布は，水平方向に断層がずれた横ズレ断層の動きで説明できます．このようなＰ波の初動から得られる情報を使うと，断層の動きを反映した「震源メカニズム解」を求めることができます．この震源メカニズム解から地下でどのような力が働いているかがわかります．

Ｐ波の押し引きの境界では，Ｐ波の振幅はゼロになります．この押し引きの

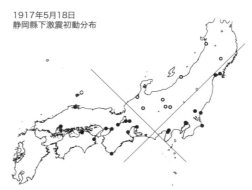

図 1.8 志田（1921）による 1917 年静岡県中部地震の初動の押し引き分布を示した図
地震の揺れが初めて到達したときに，地面が上に動いたところを黒丸，下に動いたところを白丸で描いています．地面の揺れは断層運動と密接に関係していることがわかります．

境界は断層形状やズレによって変わってきます．S波でも同じことがいえます．つまり，断層形状のズレによって，震源から同じ距離でも大きく震動する場所と小さく震動する場所が存在することになります．この他に，ディレクティビティ効果という地震動の強さが方向によって大きく変化する現象があります．基本的にはドップラー効果と同じで，波源（地震の場合は破壊）が向かう方向で振幅が大きくなり，かつ，より高周波の波になるという現象です．横ズレ断層の場合は，S波の振幅が大きくなる領域とディレクティビティ効果で振幅が大きくなる領域が重なるため，1995年阪神・淡路大震災で観測されたように，破壊的な地震動による震災の帯が形成されることがあります．

(5) 巨大地震

　プレート境界で発生する地震は，各々のプレートの動く方向の差を反映しています．二つのプレートがスルスルとずれていたら，せん断応力が蓄積しないので地震は起きません．つまり，地震を起こすためには，プレート境界の一部で，プレートとプレートが固着し，せん断応力が蓄積する必要があります．このように通常は固着（周りに比較すると滑り遅れている）しており，地震時に大きくずれる領域をアスペリティと呼びます．

　地殻変動を観測する技術が進歩することによって，アスペリティのおおよその分布を地震前に調べることができるようになってきました．2011年に発生した東北地方太平洋沖地震においても，ぼやけたイメージでしたが，大地震から10年以上も前に宮城県沖の広範囲にわたって滑り遅れが発生していることが明らかになっていました（**図 1.9**）．一方で，現在の状態はわかりますが，数十年程度の観測記録しかないため，どの程度の滑り遅れが蓄積しているのか，また，地下に蓄積されたせん断応力が，いつ，どれだけ次の巨大地震で解放されるのかを予測することは，現在のところできません．これが巨大地震予測の高確度化のボトルネックになっています．

　現在のところ日本の周辺では，北海道東方沖，南海トラフ沿い，相模トラフ沿いでも，広範囲で滑り遅れが蓄積し続けていることが観測されています．北海道東方沖ではM8後半からM9クラスの巨大地震が17世紀前半に発生したことが知られており，南海トラフ沿いでは1944年に発生した昭和東南海地震

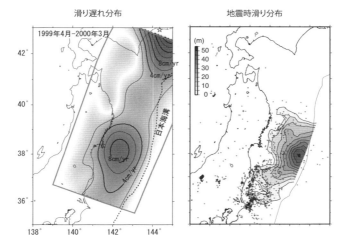

図 1.9 地殻変動観測から求まった滑り遅れが蓄積している領域（Nishimura et al., 2004）と，**地震時の断層滑り分布**（Yagi and Fukahata, 2011）**の比較**（口絵参照）
宮城沖を中心として広大な領域で滑り遅れが蓄積していたことがわかります.

や 1946 年に発生した昭和南海地震のように M 8 クラスの地震が発生しており，相模トラフ沿いでは，1703 年元禄関東地震や 1923 年関東地震のように M 8 クラスの地震が発生していることが知られています．私たちは，時々刻々滑り遅れが蓄積し続けている領域の近くで生活を営んでいることを認識した上で，各個人個人が防災対策を怠りなく進めていくこと，また被害を受けた地域への支援を惜しまないことが重要です．

1.2 古地震と古津波

(1) 地層と地形に刻まれた巨大地震の痕跡

海底の近くで巨大地震が発生すると，海底面は上下に大きく変形します．この海底面の上下の動きに連動して海面も上下に動きます．海底は固体なので変形を保持できますが，海面は平らになろうとします．結果として，震源付近の

海面の変動は津波となって周りに伝播していきます．一般に，海底の変動が大きいほど津波の規模は大きくなります．

　過去の地震や津波の情報をより正確に知ることは，将来起きる災害に備えるために欠かせません．過去の地震・津波の情報としてまず思い浮かぶのは人間の書き残した記録でしょう．人が文書で地震の記録を残すようになったのは，日本では千数百年前からです．当然それよりも前の地震・津波の発生時期や規模は過去の文書から知ることはできません．数十年から数百年の間隔で発生する地震・津波という現象の規模や発生間隔の多様性を知るにはより長期間にわたる記録が必要です．また地震が文書で記述されている場合でも，情報が断片的であったりしますし，特定の地域の記述しかなかったりもします．近代のような観測データのない歴史時代に発生した地震であっても他の情報によって補完される必要があります．

　巨大地震に伴う地殻変動や大きな津波は，地層や地形に痕跡を残すことがあります．そのような痕跡の一つとして津波堆積物が挙げられます．津波は沿岸に近づくと海底や海浜を侵食して膨大な量の土砂を取り込み，その土砂を地表や海底に残します．これが津波堆積物です．2011年の津波では，仙台平野において海岸線から約4.5 kmまで地表が津波堆積物に広く覆われました（**図1.10**）．津波堆積物はその後の風雨で失われることもありますが，条件の整った場所では失われることなく地層の中に保存されます．地層を採取し，津波堆積物を見つけることで，過去にその場所が津波で浸水していたことがわかります．津波堆積物ができた時期，つまり津波が発生した時期は様々な年代測定を行うことで調べることができます．例えば津波堆積物の直上と直下の地層から採取した葉や種子を，放射性炭素年代測定法という方法で分析して，それぞれの年代を調べます．そうすると津波の発生時期を「西暦800年より後，西暦900年よりも前」といったように絞り込むことができます．

　津波の発生時期に加えて，浸水範囲を津波堆積物から見積もることもできます．津波堆積物のある場所は津波が浸入したことになりますから，地層に残された津波堆積物の分布を調べることで，浸水範囲がわかります．ただし，津波堆積物の分布範囲は実際の津波の浸水範囲よりも狭いことが知られています．したがって，この浸水範囲の見積もりは常に過小評価であることを念頭に置く

図 1.10 東北地方太平洋沖地震津波でできた津波堆積物
海浜などから運ばれてきた白い砂が地表を広く覆っています．2011 年 4 月仙台平野で撮影．仙台平野の海岸から約 1 km の地点で 2011 年 4 月撮影．

必要があります．後述のように浸水範囲を津波堆積物から見積もり，発生源となった地震の断層モデルを推定する研究が行われています．

　地層にはしばしば過去の巨大地震に伴う地殻変動の記録も残されています．巨大地震を引き起こした断層のズレにより，断層の周辺地域では隆起または沈降が発生することがあります．例えば沈降によって沿岸にあった湿地が潮間帯の干潟のような環境に変化した場合，干潟に棲む微生物種が湿地を好んで生息する種に取って代わります．したがって環境変化は地層の特徴や地層に含まれる微生物，例えば珪藻の種構成の違いとして記録されます．

　地殻変動の痕跡は地形にも見ることができます．岩石海岸の浅海底には，波の侵食作用によってできる波食棚と呼ばれる平坦な場所があります．地震に伴う隆起が起きた際に波食棚が海面上に露出する場合があります．隆起による波食棚の露出が繰り返されると平坦面が階段状に繰り返す地形になります．これを海岸段丘といい，日本では高知県の室戸半島や房総半島南部などで見られます．海岸段丘を構成する平坦面（段丘面）は，標高が高いものほど古く，低いものほど新しい時代にできたといえます．段丘面ができた年代を測定すること

で隆起した時期，すなわち地震の発生した時期を知ることができます．また，段丘面と段丘面の標高差を隆起量と見なし，過去の地震による地殻上下変動を復元する研究も行われています．

地殻変動や津波だけでなく，地層には地震動の痕跡が残されることもあります．水を多く含んだ砂の層が地震によって強く揺さぶられると，液状化現象によって上にある層を引き裂いて地表に噴出します．これは噴砂と呼ばれ，1995年の兵庫県南部地震や 2011 年の東北地方太平洋沖地震の際にも多くの場所で発生しました．噴砂は埋め立て地で特に顕著に見られる現象ですが，水を多く含む砂層があれば埋め立て地以外の場所でも発生します．噴砂はしばしば考古遺跡でも見つかり，人間の作った遺構を噴砂が引き裂いていたり，特定の時代の地表面に噴出していたりする様子が観察されます．それを手がかりに噴砂が発生した時代を絞り込むことができます．

(2) **歴史時代の地震津波と地層に残された記録**

『日本三代実録』という平安時代に編さんされた歴史書には貞観 11 年（869年）に陸奥の国，現在の東北地方で大きな地震があり，仙台平野で海水が押し寄せて大きな被害を出したことを伝える記述があります．地震動とともに海水が広く陸上に浸入したこと示す記述から考えると，この現象は津波だったのでしょう．「原野も道路も全て海のようになってしまった．」という記述もあり，かなり大規模であったことがうかがわれます．ではこの貞観 11 年の地震と津波はどのくらいの規模で，その影響はどこまで及んでいたのでしょうか．

歴史書の記述を裏付けるように，東北大学の研究チームによって仙台平野の地層から貞観地震津波の堆積物が発見されました．その後の研究によってこの貞観地震津波の堆積物が宮城県石巻市や福島県沿岸まで広く分布していることが明らかになりました．その中でも仙台平野では当時の海岸線から 1.5～4.0 km も内陸まで堆積物が分布していたことがわかりました．前述のように津波堆積物がある地点までは貞観地震津波が浸入したことになります．津波堆積物の分布範囲から推定される浸水範囲を再現できるような断層モデルを検討した結果，貞観地震はマグニチュード 8.4 か，それよりも大きかったことがわかりました（Sawai *et al*., 2012）．貞観地震津波の堆積物が三陸地方では見つ

かっていないので，このモデルには三陸地方における浸水は考慮されていません．しかしより広範囲で貞観地震津波の堆積物が見つかれば，貞観地震の規模の推定値はより大きくなるでしょう．

一方，西日本では比較的古い時代から地震や津波についての史料が残されています．東海地方，紀伊半島，四国の沖には南海トラフと呼ばれるプレートの沈み込み帯があり，記録の残っている約1300年間に何度も地震と津波が発生しています（**図1.11**）．南海トラフにおける最も新しい地震は1944年に東海地方から紀伊半島東部にかけての沖合で発生した昭和東南海地震と，1946年に紀伊半島西部から四国の沖で発生した昭和南海地震です．記録に残る最も古いものとして684年の白鳳地震が知られています．『日本書紀』には白鳳地震によって山が崩れ，数えきれないほどの建物が倒壊し，多くの人が亡くなったことが記されています．加えて，伊予湯泉（愛媛県松山市の道後温泉）と牟婁湯泉（和歌山県西牟婁郡白浜町の湯崎温泉）の湧出が止まったことや，土佐国（高知県）で約 12 km^2 もの田畑が海に沈んだこと，土佐国（高知県）で津波により多くの船が失われたことも記録されています（石橋，1999）．温泉の湧出

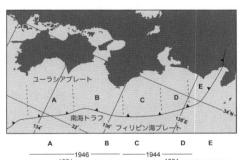
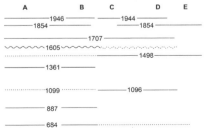

図1.11 歴史上南海トラフで発生したとされる地震

A〜Eは慣例的に用いられている南海トラフの領域区分．数字は発生年（西暦）を示し，横線は破壊域のおおよその広がりを示しています．実線は歴史記録から確実視されている破壊域で，破線は明確な歴史記録が見つかっていないものの，破壊していた可能性が高いと考えられている領域．1605年の地震は他の地震と性質が異なると考えられているため波線で表現しています．石橋(1999)をもとに作成．

停止は南海トラフの他の地震でもしばしば起きている現象であり，加えて高知県で沈降と津波が起きていたことから，白鳳地震の震源域は南海トラフ西部の四国沖を含んでいたと考えられます．

では白鳳地震の震源域は南海トラフの東部にまで及んでいたのでしょうか．現時点で東海地方における白鳳地震，津波を記した史料は見つかっていません．しかし静岡県袋井市の坂尻遺跡や静岡市の川合遺跡で見つかった7世紀後半における噴砂の痕は白鳳地震と同時か，ごく近い時代に東海地方で大きな地震動があったことを示唆しています．さらに三重県志摩半島で実施された調査では形成年代が白鳳地震によく一致する津波堆積物が見つかっています．このように史料以外の証拠から白鳳地震の震源域が四国沖だけでなく紀伊半島よりも東にまで広がっていたか，またはごく近い時期に東海地方でも地震や津波があったことが明らかになりました．仮に白鳳地震の震源域が四国沖から東海地方にまで広がっていたのであれば，大変規模の大きな地震であったと想像されます．ここで取り上げた貞観地震や白鳳地震だけでなく，史料から得られる地震・津波の情報を補完するための調査が世界の様々な場所で行われています．

(3) 数千年の時間軸で見た巨大地震

2011年に発生した東北地方太平洋沖地震とそれに伴う津波は多くの人にとっては思いもよらないような規模でした．確かにこのような規模の地震と津波は近年の日本では起きていません．東北地方では宮城沖地震と呼ばれる数十年ほどの短い間隔で発生してきた地震が知られていますが，マグニチュードは7.1～7.4程度であり東北地方太平洋沖地震や貞観地震よりずっと規模が小さいといえます．

しかしながら，東北地方太平洋沖地震のような規模の地震は，数千年間という長い時間軸の中では東北地方でしばしば起きていた現象であるようです．貞観地震と津波についてはすでに述べましたが，仙台平野では貞観地震よりもさらに約500年，1300年古い二つの津波堆積物が見つかっています（Sawai et al., 2012）．これらの津波とそれを起こした地震の規模はわかりません．しかし東北地方太平洋沖地震津波や貞観地震津波の堆積物同様，これらの津波堆積物も内陸まで広く分布していることを考えると，かなり大規模であったと想像

されます.

　歴史上知られていたよりもずっと大規模な地震が発生した事例は世界の他の地域にもあります．2004年にマグニチュード9.2のスマトラ島沖地震が発生し，大規模な津波が観測されました．確かにこの領域では最近数百年の間何度か大地震が発生していましたが，マグニチュード9クラスの巨大地震も，インド洋を横断してスリランカやアフリカ東岸に到達するような津波も知られていませんでした．

　タイ南西部，パンガー県のプラトン島というアンダマン海に面した島で，2004年のものと2004年より古い複数の津波堆積物が見つかりました（Jankaew et al., 2008）．この島は震源であるアンダマン・ニコバル諸島から600 km以上離れていますが，2004年の津波では島の大半が浸水し，津波の高さは場所によって10 mを超えました．仮にこの2004年よりも古い津波堆積物が，アンダマン・ニコバル諸島付近で発生した津波によってできたとすると，発生要因となる地震は少なくともマグニチュード8.5の規模があったと考えられています．しかしアンダマン・ニコバル諸島付近において，最近200年の間にこれを超える規模の地震は2004年の地震以外に知られていません．タイ南西部が過去に津波で被害を受けたことを伝える歴史記録も見つかっていません．しかし長い時間軸で見ると，普段津波とは無縁のタイ南西部も何度か津波の被害にあっていたのでしょう．

　2004年より前にできた津波堆積物のうち，最も新しい時代にできたものの年代は約350～570年前であるという結果が得られています．測定する手法の違いなどにより，プラトン島の津波堆積物の年代値には幅があります．しかしこの年代に重なる1290～1400年頃の津波堆積物がスマトラ島北部のアチェ州で見つかっており，さらにアチェ州の沖，2004年の地震の震源の南端にあるシムル島では1394年前後と1450年前後に隆起の痕跡が見つかっています．年代測定結果にはそれぞれ数年から数十年以上の誤差があるため，見つかった津波や隆起の痕跡がすべて同じ地震・津波でできたという確証はありません．しかし仮にそうであった場合，その地震・津波は2004年のものと同様，非常に規模の大きなものであったはずです．沈み込み帯で発生する地震の中には同じ地域で発生する他の地震よりも再来間隔が長く，規模が大きなものがあるよう

です．地震や津波の規模に多様性があることは東北地方やインド洋東部だけでなく，他の沈み込み帯でも報告されています．

一方，数千年という長い時間軸で見ると，地震や津波の規模だけでなく再来間隔も多様であることがわかってきました．北海道東部の釧路や根室では津波堆積物の保存に適した環境が整っているため，数多くの津波堆積物が見つかっています．北海道東部において約6000年前以降にできた津波堆積物の年代を詳しく測定した結果，津波の再来間隔は平均すると約400年であるものの，約100〜800年まで大きくばらつくことがわかりました（Sawai et al., 2009）．再来間隔はこれから災害が発生する時期を見積もるという意味で重要な情報です．しかしどのような要因で津波の再来間隔がばらつくのかはよくわかっていません．また，北海道東部のみではなく，他の沈み込み帯でも地震・津波の再来間隔が多様である可能性が高いです．しかし上記のように再来間隔を詳しく調べる研究は事例が限られており，よくわかっていません．

参考文献（アルファベット順）

石橋克彦（1999）文献史料からみた東海・南海巨大地震—1. 14世紀前半までのまとめ—．地学雑誌，108, 399–423.

Jankaew, K. *et al.* (2008) Medieval forewarning of the 2004 Indian Ocean tsunami in Thailand. *Nature*, 455, 1228–1231.

Nishimura, T. *et al.* (2004) Temporal change of interplate coupling in northeastern Japan during 1995–2002 estimated from continuous GPS observations. *Geophys. J. Int.*, 157, 901–916.

Sawai, Y. *et al.* (2009) Aperiodic recurrence of geologically recorded tsunamis during the past 5500 years in eastern Hokkaido, Japan. *Journal of Geophysical Research*, 114, B01319, doi:10.1029/2007JB005503.

Sawai, Y. *et al.* (2012) Challenges of anticipating the 2011 Tohoku earthquake and tsunami using coastal geology. *Geophysical Research Letters*, 39, L21309, doi:10.1029/2012GL053692.

Yagi, Y. and Fukahata, Y. (2011) Introduction of uncertainty of Green's function into waveform inversion for seismic source processes, *Geophys. J. Int.*, 186, 711–720, doi: 10.1111/j.1365–246X.2011.05043.x.

第2章 地震の揺れと被害

境有紀

本章では，地震の揺れによる被害と揺れの性質の関係，具体的には，震度が同じでも発生する地震の揺れの性質によって，建物の被害が全く異なってくることについて，さらには，震度などの防災システムの問題点，地震災害とはどういうものかについて解説します．

2.1 東日本大震災の揺れによる被害と阪神・淡路大震災

東日本大震災では，津波で甚大な被害が生じてしまいましたが，地震の揺れ（地震動）による建物の倒壊などの被害はどうだったのでしょうか．

日本全国には，地震動を記録する地震計が気象庁，自治体の震度計，防災科学技術研究所など公的機関が設置したものだけでも約5,000点あり，地震によって発生した揺れの強さを観測することができます．強震動を観測できる地震計が設置されているところを強震観測点といいます．東日本大震災の際の震度分布図を図2.1に示します．非常に広範囲で震度6弱以上を記録する揺れに見舞われていたことがわかります．震度6というのは，木造建物の全壊という人命の損失につながってしまう被害が生じるレベルで，震度6強では8～30%，震度7では30%以上の木造建物が全壊するのが目安となっています．震度の大きさから判断すると，揺れによって甚大な被害が生じているはずということになります．

そこで，実際の状況を調べるために地震被害調査を行います．その際，注意しなければならないのは，調査は，被害があった建物だけではなく，被害の有無にかかわらず，全体を万遍なく調査しなければならないということです．テレビなどでは，大きな被害を受けたところしか映しませんが，そうすると，見

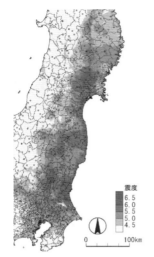
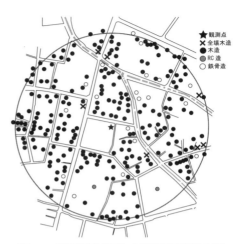

図 2.1　東日本大震災による震度分布
（口絵参照）

図 2.2　強震観測点周りの被害調査結果の例

ている人は，他の場所も映したところと同じような大きな被害を受けたと思ってしまうでしょう．しかしながら，現地に調査に入ってみると画面から見えることと状況が全く違うということがよくあります．やはり，報道などを鵜呑みにせず，現場に入って自分の目でしっかり確かめることが重要なのです．

　しかしながら，全体を万遍なく調査するのは大変です．特に東日本大震災のように関東から東北地方全体まで非常に広範囲にわたって全体を調査することはまず不可能でしょう．そこで，考えられるのが「サンプル調査」で，全体の中から任意に選ばれたところを調査するわけです．筆者は，地震計が置いてある強震観測点周辺の調査を行っています．建物に被害があっても，揺れの記録がなければ，揺れが強いから被害があったのか，建物が弱いから被害があったのかわからないのですが，地震計の記録があればそういう分析もできます．実際の地震の揺れに対して，どういう建物がどういう被害を受けたのか受けなかったのかという非常に貴重なデータを詳細に記録して後世に残しておくという意味でも重要です．具体的には，強震観測点から半径 200 m 以内の建物の

全数調査を行っています（**図 2.2**）．

東日本大震災では，全部で 35 観測点（**図 2.3**），建物数にして 4,000 棟程度の被害調査を行いました．その中から，震度 6 強以上を記録した強震観測点周り（地震計から半径 200 m 以内）の被害調査結果を**表 2.1** に示します．

ここで，計測震度とあるのは，震度を求める際の元データのことで，大まかにいうと，計測震度を四捨五入すると震度になります．そして，切り上げて 6 になる場合（5.5 以上 6.0 未満）が震度 6 弱，切り捨てて 6 になる場合（6.0 以上 6.5 未満）が震度 6 強です．

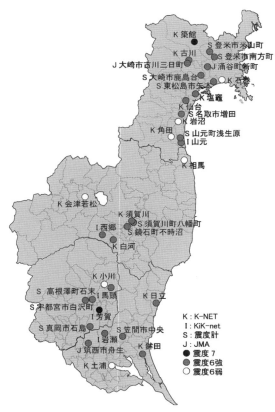

図 2.3　東日本大震災で調査を行った強震観測点

表 2.1 東日本大震災で震度6強以上を記録した強震観測点周辺の被害

観測点名	計測震度	棟数	全壊・大破数	全壊・大破率(%)	観測点名	計測震度	棟数	全壊・大破数	全壊・大破率(%)
JMA 大崎市古川三日町	6.21	257	7	2.72	K-NET 古川	6.16	285	0	0.00
JMA 筑西市舟生	6.06	27	0	0.00	K-NET 鉾田	6.41	17	0	0.00
JMA 涌谷町	6.02	182	0	0.00	K-NET 土浦	5.63	161	0	0.00
KiK-net 岩瀬	6.24	17	0	0.00	K-NET 日立	6.46	108	0	0.00
KiK-net 西郷	6.00	8	0	0.00	鏡石町不時沼震度計	6.09	169	0	0.00
KiK-net 馬頭	6.14	14	0	0.00	須賀川市八幡町震度計	6.05	229	5	2.18
KiK-net 芳賀	6.50	59	0	0.00	宇都宮市白沢町震度計	6.01	116	0	0.00
K-NET 小川	5.97	146	1	0.68	笠間市中央震度計	6.06	101	0	0.00
K-NET 会津若松	5.86	199	0	0.00	高根澤町石末震度計	6.17	155	1	0.65
K-NET 岩沼	5.99	87	0	0.00	山元町浅生原震度計	6強*	108	0	0.00
K-NET 角田	5.83	159	0	0.00	真岡市石島震度計	6.06	76	0	0.00
K-NET 塩竈	6.02	261	0	0.00	大崎市鹿島台震度計	6.01	123	0	0.00
K-NET 白河	6.11	85	0	0.00	登米市南方町震度計	6.07	3	0	0.00
K-NET 須賀川	6.00	75	0	0.00	登米市米山町震度計	6.21	18	0	0.00
K-NET 仙台	6.38	21	0	0.00	東松島市矢本震度計	6.15	200	0	0.00
K-NET 相馬	5.85	159	0	0.00	名取市増田震度計	6.17	181	1	0.55
K-NET 築館	6.67	59	0	0.00	K-NET 石巻	5.93	—	—	—
					震度6強以上の合計		2,954	14	0.47

＊データが公開されていないため気象庁が公開している震度を記載

表 2.1 を見ると，約3,000棟のうち全壊したのは14棟，被害率にしてわずかに0.47％でした．震度6強以上だと木造家屋の8～30％が全壊というのが目安ですから，明らかに震度の割に被害が小さかったといえるでしょう．なぜこのようなことになったのでしょうか．

東北地方は，寒冷地で窓などの開口部が小さく壁が多い，雪が降るので屋根が軽い，あるいは，地震が多いため対策が進んでいて，建物の耐震性能が高かった，あるいは，揺れによって大きな被害を引き起こした阪神・淡路大震災から16年経ち，耐震対策が進んできた成果なのでしょうか．

例として，震度7を記録した防災科学技術研究所の強震観測網（K-NET）の築館観測点（栗原市震度計）の周辺の様子を**写真2.1～2.4**に示します．現場を見る限りは，建物の耐震性能が高いようには見えません．これ以外の震度6弱以上を記録した強震観測点周辺についても同じで，全壊といった大きな被

写真 2.1 K-NET 築館の位置

写真 2.2 K-NET 築館の設置状況

写真 2.3 K-NET 築館周辺の様子

写真 2.4 K-NET 築館周辺の様子

害を受けた建物は非常に少ない一方で，建物の耐震性能が特に高いというわけではありませんでした．だとすると，被害が小さくて済んだ理由は何でしょうか．

わかりやすい比較例として，東日本大震災（2011年東北地方太平洋沖地震）と同じく最大震度 7 で地震の揺れによって甚大な被害を引き起こした阪神・淡路大震災（1995年兵庫県南部地震）と比較してみます．まず，震度 7 を記録した K-NET 築館の波形と，阪神・淡路大震災において震度 6 強という少し小さい震度を記録した JR 鷹取の波形とを比較したものを図 **2.4** に示します．

これを見ると，東日本大震災の K-NET 築館は，非常に大きな加速度で長時間にわたって揺れているのに対して，阪神・淡路大震災の JR 鷹取は，加速度の大きさは東日本大震災より遥かに小さく継続時間も短いです．しかしながら，地震動が記録された観測点周辺の被害は，K-NET 築館周辺ではほとんど

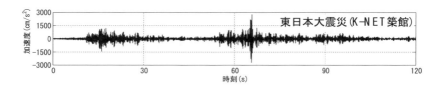

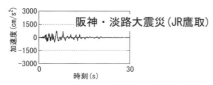

図 2.4　東日本大震災と阪神・淡路大震災の地震波形の比較

ない（木造建物全壊率 0％）一方で，JR 鷹取周辺では，甚大な被害（木造建物全壊率 59.4％）が生じました．どうしてこのようなことになったのでしょうか．

図 2.4 の波形をよく見てみると，東日本大震災の K–NET 築館は，非常に細かくがたがたと揺れているのに対して，阪神・淡路大震災の JR 鷹取は，少しゆっくり，ゆっさゆっさと揺れていることがわかります．これが地震動の周期特性です．周期というのは，揺れがぐるっと 1 周して帰ってくるまでの時間のことで，1 秒間に 1 周すれば周期 1 秒となります．この周期特性をわかりやすく表示したものに応答スペクトルというものがあります．応答スペクトルとは，様々な揺れやすい周期（固有周期）を持った振り子を並べて地震動で揺らし，横軸に振り子の固有周期，縦軸に揺れたときの最大振幅を図示したもの（**図 2.5**）で，地震動に含まれる周期別の揺れの成分（周期成分）がわかります．**図 2.4** の二つの波形の応答スペクトルを**図 2.6** に示します．

これを見ると，東日本大震災の K–NET 築館は，0.3 秒くらい，すなわち，1 秒間に 3 周するくらいの短い周期で揺れているのに対して，阪神・淡路大震災の JR 鷹取は，1 秒より少し長い周期が卓越しており，K–NET 築館では，0.5 秒以下の非常に短い周期の成分，対照的に，JR 鷹取では，1〜2 秒の少し長い周期の成分が多く含まれていることがわかります．そして，建物に大きな被害を与えるのは，1〜2 秒の成分です．この 1〜2 秒の成分を比較すると，

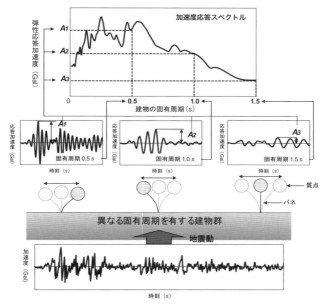

図 2.5 応答スペクトルの説明図

地震動を入力したときに，固有周期の異なる物体の加速度の最大振幅が最大応答加速度となります．

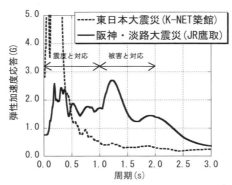

図 2.6 東日本大震災と阪神・淡路大震災の応答スペクトルの比較
（G は加速度 Gal を重力加速度 g（＝980 Gal）で割ったもの）

K–NET 築館は，JR 鷹取のわずか 5 分の 1 くらいしかありません．つまり，東日本大震災で発生した揺れの建物に対する破壊力は，耐震性が低い建物ですら壊れないほど非常に小さかったのです．K–NET 築館，JR 鷹取以外の観測点でも全く同様の傾向でした．

2. 2　揺れの周期と被害の関係

では，なぜ東日本大震災で震度がとても大きくなったのでしょうか．それは，震度が 1 秒以下の短周期を測っているからです．今の震度ができたのは，1996 年ですが，それまで人が体感で判定していたことから，人体感覚を測るように決められたという経緯もあります．今回の震度 6 以上の揺れを体験された方は，揺れが非常に強いと感じられたと思いますが，それは，震度がきちんと体感を測れているということです．つまり，人と建物では敏感な周期が 1 秒以下，1〜2 秒と違っていたということですが，このことが指摘されたのは，阪神・淡路大震災の分析が進んだ後のことでした．

では，建物の大きな被害を引き起こす揺れの周期は，どうして 1〜2 秒なのでしょうか．建物が持つ揺れやすい周期（固有周期）が地震の揺れの周期と近ければ「共振」が起こり，建物が大きく揺れて壊れる，という考えでは説明できません．それは，日本の建物のほとんどを占める木造や 10 階建て以下の非木造建物（鉄筋コンクリート造建物や鉄骨造建物）などの固有周期は，0.2〜0.5 秒だからです．もし共振が起こるのなら，東日本大震災の 0.5 秒以下を多く含んだ揺れによって多くの建物が被害を受けないと辻褄が合いません．しかし，実際は，大きな被害はほとんど生じませんでした．

これは，建物が揺れると固有周期が伸びる（塑性化といいます）からです．全壊や大破といった大きな被害の場合，固有周期は 3〜4 倍くらい伸びます．0.2〜0.5 秒を 3〜4 倍するとだいたい 1〜2 秒となるので，1〜2 秒の周期の揺れが強いと建物は大きな被害を受けるわけです．

1〜2 秒よりさらに長い周期が卓越する地震動が発生する場合もあります．やや長周期地震動と呼ばれるものがそうです．長周期地震動とは，本来，10 秒以上の非常に長い周期の地震動のことを指していたのですが，現在では，や

や長周期地震動のことを長周期地震動というようになってきています．

このような地震動が発生すると，人はほとんど揺れを感じないし（つまり，震度は小さい），古い木造家屋も何ともないのですが，超高層建物だけが選択的に大きく揺れるといった現象が見られます．強い揺れの主要動が終わった後の表面波（地面の下から伝わってくる地震波ではなく，地面の表面を伝わる波）の場合が多く，継続時間も数分間といったように非常に長くなるのが特徴です．長周期地震動は，大きな堆積盆地で発生するのですが，その周期は，堆積盆地のサイズによってほぼ決まり，関東平野が7秒，大阪平野が5秒，濃尾平野が3秒程度といわれています．

東日本大震災のときも新宿の超高層建物が揺れるなどの長周期地震動が観測されましたが，その大きさはマグニチュードや震源距離のわりに小さく，平野と震源の位置関係によって長周期地震動の大きさなどの特性は変わるので，南海トラフの地震ではもっと大きくなるといわれています．

遠くで大きな地震が発生すると，長周期地震動のように，長い周期の揺れを感じることが多いのは，周期が長い揺れは，短い周期の揺れより減衰しないからです．東日本大震災で短周期が卓越したのに遠く離れた東京では長い揺れが感じられたのはそういう理由です．信号で赤い光が「止まれ」に使われているのは，周期が長い赤の光が，周期が短い青の光より遠くまで届くからです．

ここまでの話を簡単にまとめると，「地震の揺れ，すなわち，地震動には，様々な周期のものが含まれていて，どの周期の成分がどのくらい含まれているかという地震動の周期特性によって，被害など起こる現象が様々である」「全壊や大破といった建物の大きな被害を引き起こすのは，建物の塑性化を考慮した1〜2秒で，これに対して震度が測っているのは，1秒以下の人体感覚と対応した成分である」「東日本大震災では，1秒以下の成分は非常に強く，震度や体感は大きくなったが，1〜2秒の成分は，耐震性が低い建物でも大丈夫なほど小さかったため建物被害は小さくて済んだのであって，建物の耐震性が高かったからではない」となります．

2.3 過去に起こった地震による被害

東日本大震災では，1秒以下の短周期が卓越した地震動が発生したため，震度や加速度は大きくなるが，建物の全壊などの大きな被害は生じなかった，ということなのですが，過去に起こった地震での状況はどうだったのでしょうか．阪神・淡路大震災以降，震度6以上を観測した地震の一覧を表2.2に示し，それぞれの地震によって発生した地震動がどのようなものであったかを記載しています．これを見ると，発生した地震動のほとんどは，1秒以下の成分が多い短周期地震動であり，木造建物，10階以下の中低層非木造建物という日本のほとんどの建物にとって危険な1～2秒という周期成分を多く含む地震動（以下，1～2秒地震動）が発生したのは，1995年兵庫県南部地震，そして，2004年新潟県中越地震，2007年能登半島地震などの一部で，全体からすれば1割程度であることがわかります．

表2.2 過去の地震で発生した地震動（M：マグニチュード）

地震	M	震源	最大震度	発生した地震動
1995年兵庫県南部地震	7.3	直下	7	ほぼすべてで1～2秒地震動が発生
1997年鹿児島県北西部地震	6.6	直下	6弱	短周期地震動がほとんど
2000年鳥取県西部地震	7.3	直下	6強	一部で1～2秒地震動が発生
2001年芸予地震	6.7	スラブ内	6弱	短周期地震動がほとんど
2003年宮城県沖の地震	7.1	スラブ内	6弱	短周期地震動がほとんど
2003年宮城県北部地震	6.4	直下	6弱	短周期地震動がほとんど
2003年十勝沖地震	8.0	プレート間	6弱	短周期地震動がほとんど
2004年新潟県中越地震	6.8	直下	7	一部で1～2秒地震動が発生
2005年福岡県西方沖地震	7.0	直下	6弱	短周期地震動がほとんど
2005年宮城県沖の地震	7.2	プレート間	6弱	短周期地震動がほとんど
2007年能登半島地震	6.9	直下	6強	一部で1～2秒地震動が発生
2007年新潟県中越沖地震	6.8	直下	6強	一部で1～2秒地震動が発生
2008年岩手・宮城内陸地震	7.2	直下	6弱	短周期地震動がほとんど
2008年岩手沿岸北部の地震	6.8	スラブ内	6弱	短周期地震動がほとんど
2009年駿河湾の地震	6.5	スラブ内	6弱	短周期地震動がほとんど
2011年東北地方太平洋沖地震	9.0	プレート間	7	短周期地震動がほとんど

マグニチュードは気象庁マグニチュード，震源のタイプは，プレート境界で発生したものは「プレート間」，沈み込むプレート内部で発生したものは「スラブ内」，内陸地殻で発生したものは「直下」に分類しています．

このような地震動が発生すると，古い木造家屋を中心に甚大な被害が生じます．例として，阪神・淡路大震災による木造家屋の被害，地震計は設置されていませんでしたが，非常に強い揺れに見舞われたとされる三宮のオフィス街でのビルの中間層崩壊の様子を**写真2.5〜2.10**に示します．

どういう地震で1〜2秒地震動が発生するかについては，まだ不明な点も多いのですが，少しずつ傾向はわかってきています．一つは，**表2.2**からわかるように1〜2秒地震動は，M8以上の遠くの巨大地震ではなく，M7クラスの直下地震で発生しているということです．そして，日本全国に活断層があることを考えると，日本ならどこでもM7クラスの直下地震が起こる可能性があります．首都直下地震もそのうちの一つです．津波は海岸近くという限られた場所にしか来ませんし，東日本大震災のように揺れを感じてから津波が来るまで避難する時間があることが多いのですが，地震，それも大きな被害を引き起こす1〜2秒地震動は，日本国中いつでもどこでも発生する可能性があり，建物が一瞬で倒壊すれば，逃げる時間はありません．

しかも，**表2.2**は，高々20年程度のデータで，M8以上の地震も2003年十勝沖地震と2011年東北地方太平洋沖地震の二つだけですから，これらの地震で1〜2秒地震動が発生しない，とはいえないでしょう．東海地震は，震源の一部が陸にかかっていますから注意が必要です．

マグニチュードなど，地震の特徴（震源特性）だけではなく，表層地盤によって1〜2秒地震動が発生する場合もあります．具体的には，埋め立て地や川沿いなどに多い軟弱地盤の固有周期は1〜2秒程度で，かつ，表層地盤と地下奥深くにある基盤の硬さの比が大きいほど地震動が増幅されます．観測点周辺で18.8％の木造建物が全壊した2007年能登半島地震のK-NET穴水で記録された地震動は，まさにそういうものでした．阪神・淡路大震災のように1〜2秒地震動が震源に近い基盤で発生しているときは，キラーパルスと呼ばれることがありますが，キラーパルスでなくても，軟弱地盤で1〜2秒地震動が生成されるということもあるということです．そして，軟弱地盤は都市部を中心に全国至るところに存在します．

写真2.5 阪神・淡路大震災による
木造家屋の被害

写真2.6 阪神・淡路大震災による
木造家屋の被害

写真2.7 阪神・淡路大震災による
ビルの中間層崩壊

写真2.8 阪神・淡路大震災による
ビルの中間層崩壊

写真2.9 阪神・淡路大震災による
ビルの中間層崩壊

写真2.10 写真2.9のクローズアップ

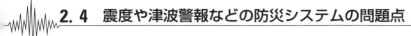
2.4　震度や津波警報などの防災システムの問題点

　このように，建物に大きな被害を引き起こす1〜2秒地震動が発生するのは，震度6以上の大地震の中でも10回に1回程度で，その一方で，10回中9回は，震度6以上でも大きな被害は生じない短周期地震動なわけです．つまり，震度や加速度は大きくなるが，建物の大きな被害は生じないという東日本大震災で起こったことは「よくあること」で，東日本大震災が特別だったわけではないのです．そうするとどういうことになるでしょうか．

　多くの地震で，震度6以上が観測されるものの実際には大きな被害は生じないことになります．つまり，観測される震度は実際の被害より大きめ，つまり安全側に出るわけで，一見すると防災システム上，問題はないように思えますが，本当にそうでしょうか．

　人間の心理を考えてみればわかりますが，震度6を記録しても被害はない，ということを繰り返せば，震度6でもうちの建物は大丈夫だと思ってしまうでしょう．しかしながら，実際には，同じ震度6でも1秒以下の短周期地震動と1〜2秒地震動では，破壊力が全然違います．つまり，10回中9回の短周期地震動で安心して地震対策，耐震対策を怠り，10回中1回の1〜2秒地震動で，甚大な被害が生じてしまう，という悪循環になってしまっているのです．

　このようなことは，他の防災システムでも見られます．例えば，津波警報もそうです．津波警報や大津波警報が出ても実際に人命に関わるような津波高さの津波が来るのは，10回に1回程度です．つまり，震度と同様に，津波警報は出たけれど津波は来ないという「空振り」を繰り返せば，昔話のオオカミ少年のように，津波警報が出ても津波なんか来ないと思ってしまって，津波警報が出ても避難しない人が続出するということになってしまいます．東日本大震災では，想定を超えた津波高さの津波が押し寄せて，きちんと避難した人の中にも命を落とした人もいましたが，大津波警報が出たにもかかわらず避難せずに命を落とした人もたくさんいたのです．

　緊急地震速報も同様です．緊急地震速報が流れても実際に大して揺れなければ，多くの人々が反応しなくなってしまうのは当然の流れですし，緊急地震速報の場合は，的中率が震度や津波警報以上に低いので，すでにそうなってし

まっていることは否めません．では，どうしたらいいでしょうか．
　一つは，やはり防災システムの精度を上げることでしょう．津波警報が発令されたらほぼ確実に津波が来るのなら，命が惜しければ逃げない人はいないでしょう．東日本大震災で大きな被害が生じたことを受けて，新たに水圧の変化で海面の変動を観測できるブイ式海底津波計が東北地方沖合に設置されましたし，南海トラフを中心にすでに37台のブイ式海底津波計が設置されているなど対策が進んでいます．
　震度についてはどうでしょうか．建物の大きな被害と対応した地震動の周期が1〜2秒なら，大きな被害を想定した震度6以上の震度を計算するときは，人体感覚に対応した1秒以下ではなく，1〜2秒から算定すればいいのはではないかということは，すぐに思いつくことです．そして，そのような震度算定法もすでに提案されています．現行の計測震度と提案されている1〜2秒をもとに算定した震度と強震観測点周りの被害率（木造建物全壊率）の関係を比較して図2.7に示しますが，1〜2秒をもとにした震度の方が有意に精度が高いことがわかります．被害を正確に推定できる震度を用いれば，地震が発生した直後に図2.1の震度分布を求める方法と同じ方法で，250m間隔という非常に精密な被害推定を行うことができます．そうすれば，地震発生直後に大きな被害が発生しているところが瞬時にわかりますから，救助活動などに大いに役立つでしょう．
　本章1節で「実際にどのような被害があったかを調べるために地震被害調査

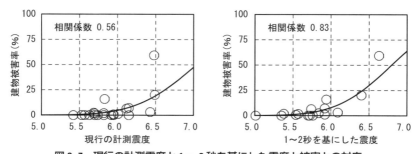

図 2.7　現行の計測震度と1〜2秒を基にした震度と被害との対応

が必要となる」と書きましたが，実は，被害調査に行く前の段階で，東日本大震災で建物の大きな被害は非常に少ないことや，どこでどの程度の被害があるかは事前にほぼ推定できていました．ただし，震度の算定法については，気象庁で震度に関する検討会が開催されていましたが，東日本大震災で大きな津波被害が生じてしまったことなどもあり，その後，検討は進んでいません．

　このような防災システムがまだ十分に整っていない状況で，私たちがとるべき行動はどのようなものになるでしょうか．それは，現状の防災システムの精度（の低さ）をしっかり認識して行動するしかないでしょう．例えば，津波警報が出たら，人命に関わるような高さの津波が来るのは10回に1回，でも10回に1回は来るわけで，残り9回を無駄足と思わず，防災訓練だと思ってしっかり高台に避難すること，震度6を記録しても発生したのが短周期地震動なら決して建物の耐震性能が十分というわけではないことを認識しなければなりません．

2.5　地震災害とは

　地震災害とは，実は，とても厄介で対策が難しい災害です．それは，大きな被害を引き起こすような地震が「滅多に来ない」からです．滅多に来ないから対策が進まない→大地震が来れば甚大な被害が生じる，の悪循環になっているのです．さらに本章4節で述べた防災システムの空振りがこれに拍車をかけています．

　人間には，確率は低いが起これば大変なことになる巨大な恐怖に目をつぶってしまう「正常化の偏見」という性質があります．自分が生きている間に大地震は来ない，津波警報が出ているのに津波は来ない，火災報知器が鳴っているのに装置の点検や故障だと思い込んでしまうのがそうです．

　これは，過ごす時間のほとんどを占める日常生活を安心して過ごすための人間の脳に組み込まれたプログラムなのでしょう．普段から滅多に来ない巨大な災害に怯えながら生活するのでは，精神的にもちませんし，いざというときのことなんかほっておいて，今の生活を楽しみたいというのが人間の性なのでしょう．

しかしながら，これは，人間個人個人が楽しく気分よく生きて行くためのものというよりは，人類全体が繁栄するためのものであることに注意する必要があります．人命が失われるような大地震は滅多に来ませんから，不幸にして多くの人が地震や津波で亡くなったとしても人類全体からすればその割合はごくわずかです．しかし，その人自身にとっては，ごくわずかどころか100％です．人類全体の繁栄の犠牲になりたくなかったら，自分や家族の命は自分たちで守るしかないのです．

でも，これは「本能」なので，逆らうのはなかなか難しいものですが，人間には，本能を制御できる「知能」があります．人間には正常化の偏見という本能があるのだ，ということを知識としてしっかり憶えておくことで，いざというとき，例えば，津波警報が発令されたとき，我に返って行動することができるでしょう．「率先避難者」という言葉がありますが，誰かが率先して避難することで，周りの人も我に返って行動するということもあります．本書を読んだ人は，いざというとき，ぜひ，率先避難者になってください．

地震の揺れに対する対策はどうしたらいいでしょうか．これは簡単にいってしまえば，建物などの構造物を耐震的にしておくことに尽きるでしょう．日本の耐震工学は世界一のレベルにあります．1995年兵庫県南部地震では，木造建物を中心に甚大な被害が生じてしまいましたが，その後の調査の結果，大きな被害を受けたのは，当時の耐震規定を満たしていない「既存不適格建物」がほとんどで，当時の耐震規定を満たしていた建物の被害率は非常に小さかったことがわかっています（法律は時を遡っては適用されない，すなわち，建設当時の耐震規定を満たしていれば法律違反にはならない）．日本の耐震工学は，20世紀後半に劇的に進歩し，それに伴って耐震規定も改正されてきました（最も有名なのが1981年の新耐震設計法で，この規定を満たしている建物をとりあえず「耐震化されている」としています）．阪神・淡路大震災が起こった直後は，日本の耐震工学の敗北などということがさかんにいわれましたが，実際は，日本の耐震工学のレベルの高さが証明された地震だったのです．

つまり，既存不適格建物を耐震補強して今の耐震規定を満たすようにするのが地震被害を減らす最も有効な方法なのですが，阪神・淡路大震災から20年近く経った現在でも状況は当時からあまり進んでいません．木造家屋1棟を耐

震補強するのにかかる費用は平均すると150万円くらいですが，150万円あれば，車を買い換えてしまうのが一般の人の行動パターンなのでしょう．しかし，家を耐震補強すれば30年はもつでしょうから，月割にすればわずか4,200円程度です．

　耐震補強が進んでいないと書きましたが，2008年に発表されたデータによると住宅の耐震化率は，79％となっています．一見すると79％は高いように見えますが，21％は既存不適格建物ということですから，数にすれば全国で1,000万棟近くにもなります．そして，この21％の既存不適格建物が首都直下地震で全壊すると，1995年兵庫県南部地震における死亡率＝0.0175×全壊率という関係に基づけば死亡率は0.37％となり，東京23区（人口約908万）だけで，死者数は約3.3万人にもなってしまいます．

　地震予知ができればいいのでは，という人もいますが，それは全くの幻想です．そもそも大地震が来るという警戒宣言が出たとしても，30分前（という精度での地震予知は無理でしょう）ならともかく，空振り覚悟で何日もの間，屋外に避難したり新幹線を止めたりすることは現実にできませんし，地震予知ができても建物や施設が耐震化されていなければ，それらは壊れてしまって，住むところもなく生活もできなくなってしまいます．そして，内閣府による首都直下地震による経済的損失は112兆円という国家予算を超える額にもなる結果も出ており，経済破綻という最悪のシナリオも考えられます．

　「地震は人を殺さない．地震によって壊れる建物などの構造物が人を殺す」という名言があります．もし震度7の地震動が発生した真っ直中に遭遇したとしても，建物の中にいなければ，例えば，周りに何もない運動場のような場所の真ん中にいたとしたら，立っていることは難しいと思いますが，しゃがんで長くても数分やり過ごせばどうってことはありません．運が悪くてもせいぜい尻餅をつくくらいでしょう．しかし，既存不適格建物の中にいれば，普段は雨露をしのいでくれる建物が一転，凶器と化します．建物を十分に耐震的にできる技術があるのに，それを放置していることは地震が悪いというよりは，そこに住んでいる人の責任ともいえます．大地震というと自然の猛威には勝てない，という人がいますが，それは大きな間違いで，地震災害は自然災害というより人災なのです．

2.6 地震災害の軽減に向けて

大地震は滅多に来ないから対策も進まないと書きましたが，実際には，滅多に来ないともいえなくなってきました．1891年濃尾地震から2001年芸予地震までで，日本で死者が出た地震の一覧を**表2.3**に示します．これを見ると死者が1,000人を超える大きな被害地震は，ある一定間隔で起こるのではなく，ある時期に集中的に起こっていることがわかります．具体的にいえば，1940年

表2.3 1891〜2001年までで日本で死者が出た地震一覧（M：マグニチュード）

地震	死者数	M	地震	死者数	M	地震	死者数	M
1891 濃尾	7,273	8.0	1931 宮崎県沖	1	7.1	1960（チリ）	142	9.5
1892 能登半島西岸	1	6.3	1933 三陸沖	3,064	8.1	1961 長岡	5	5.2
1894 東京	31	7.0	1933 能登	3	6.0	1968 日向灘	2	7.0
1894 庄内	726	7.0	1935 静岡	9	6.4	1961 北美濃	8	7.0
1895 茨城県南部	9	7.2	1936 河内大和	9	6.4	1962 宮城県北部	3	6.5
1896 三陸	22,000	8.5	1938 屈斜路湖	1	6.1	1964 新潟	26	7.5
1896 陸羽	209	7.2	1938 福島県東方沖	1	7.5	1965 静岡県中部	2	6.1
1899 紀和	7	7.0	1939 宮崎県沖	1	6.5	1966 与那国島近海	2	7.8
1901 青森県東方沖	some	7.2	1939 男鹿	27	6.8	1968 えびの	3	6.1
1905 芸予	11	7.2	1940 積丹半島沖	10	7.5	1968 日向灘	1	7.5
1909 姉川	41	6.8	1941 長野	5	6.1	1968 十勝沖	52	7.9
1909 宮崎県西部	2	7.6	1941 日向灘	2	7.2	1969 岐阜県中部	1	6.6
1911 喜界島	12	8.0	1943 鳥取	1,083	7.2	1974 伊豆半島沖	29	6.9
1914 鹿児島県中部	35	7.1	1944 東南海	1,223	7.9	1978 伊豆大島近海	25	7.0
1914 仙北	94	7.1	1945 三河	2,306	7.9	1978 宮城県沖	28	7.4
1915 十勝沖	2	7.0	1945 青森県東方沖	2	7.1	1983 日本海中部	104	7.7
1916 兵庫県南岸	1	6.1	1946 南海	1,330	8.0	1983 神奈川県山梨県境	1	6.0
1917 静岡県中部	2	6.3	1948 和歌山県南東部	2	6.7	1984 長野県西部	29	6.8
1922 浦賀水道	2	6.8	1948 福井	3,769	7.1	1987 宮崎県沖	1	6.6
1922 島原	26	6.9	1949 安芸灘	2	6.2	1987 千葉県東方沖	2	6.7
1923 関東	142,807	7.9	1949 今市	10	6.4	1993 釧路沖	1	7.8
1924 神奈川県西部	19	7.3	1952 十勝沖	33	8.2	1993 北海道南西沖	201	7.1
1925 但馬	428	6.8	1952 大聖寺沖	7	6.5	1994 三陸はるか沖	3	7.5
1927 丹後	2,925	7.3	1952 吉野	9	6.8	1995 兵庫県南部	6,345	7.2
1930 石川県南部	1	6.3	1955 徳島県南部	1	6.4	2000 新島神津島近海	1	6.5
1930 北伊豆	272	7.3	1956 宮城県南部	1	6.0	2001 芸予	2	6.7
1931 西埼玉	16	6.9	1958 石垣島付近	1	7.2			

代は，死者が 1,000 人を超えた大きな被害地震が 5 回も起こっています．その前だと，1850 年代には，安政東海，安政南海，安政江戸地震など，1,000 人を超える死者を出した地震が少なくとも 4 回は起こっています．

そして，日本は，1995 年兵庫県南部地震以降，地震活動期に入ったとされ，実際，震度 6 を超える地震が頻発しています．これからについても内閣府から発表された今後 30 年以内に発生する確率は，首都直下地震が 70％，東海地震が 88％，東南海地震が 70％などとどれも非常に高い確率になっています．つまり，大地震は来るか来ないか，ではなく，必ず来るものなのです．

最後に，世界のどこで地震が起こっているかを示した図1.4を見てください．日本がどこにあるかわかりますか．これほど日本は地震多発地帯なのです．地震なんかなくなればいいのに，という人もいますが，地震が起こるのは地球が生きているからです．つまり，地震がなくなるときは地球が死ぬときで，そうなれば，人類も地球上で生きて行くことはできないでしょう．つまり，我々は地震と共存するしかないのです．

どうすればいいかは，すでに書いた通りです．最も効果的なのは，建物などの構造物を耐震的にすること，特に既存不適格建物の耐震補強ですが，まずはできることをやるべきでしょう．木造家屋は 1 階が潰れることが多いので（実際，1995 年兵庫県南部地震では，地震が起こったのが未明だったこともあり，命を落とした人は 1 階で寝ていた人が多かった）寝室を 2 階にすることで，地震で命を落とす確率は下がるなど，すぐにできることはたくさんあります．

既存不適格建物の耐震補強を進めるのにどうしても時間がかかってしまうということなら，例えば，大地震が発生し，建物が倒壊して下敷きになった人を救助に行けるように，どこでどの程度の被害が生じているかを迅速かつ正確に推定できるシステムを開発しておくなどの次善の策を講じておくことも重要です．

c·o·l·u·m·n コラム

地震名と災害名について
境有紀

　本章，あるいは，本書の中で，一般になじみがあるという理由で，平成23年（2011年）東北地方太平洋沖地震，平成7年（1995年）兵庫県南部地震という地震名ではなく，東日本大震災，阪神・淡路大震災といった災害名が使われている場合があります．地震名は震源位置などから気象庁によって命名され，災害名は東日本大震災のように特に被害が甚大だった場合に，政府などによってつけられることがあります．

　過去に起こった地震ではなく，将来発生が危惧されている地震については，その呼び方に曖昧なものが多いです．すでに起こった地震は，震源の位置が確定しているので，それを基に命名されますが，例えば，首都直下地震は，震源の位置がわかってないので，漠然と南関東のどこかを震源とする地震という意味で使われているので注意が必要です．首都直下地震は，関東大震災を引き起こした1923年大正関東地震の再来を意味するものではありません．

　南海トラフ地震も過去に南海トラフ沿いに起こった，東海地震，東南海地震，南海地震もしくは，これら三つ全部か二つが同時に発生することを想定していますが，将来地震が発生したときにどういう名称になるかは，現時点ではわかりません．例えば，2011年東北地方太平洋沖地震も想定では，宮城県沖地震でしたが，実際には，さらに広範囲に震源（断層）が拡大したので，このような名称になりました．

第3章
大津波の実態とこれからの津波防災

武若聡・藤野滋弘

　本章では，東北地方太平洋沖地震による津波発生のメカニズムと沿岸への来襲による津波高さの空間的な特徴について説明した後，福島県いわき市勿来(なこそ)海岸の津波被害について考察します．それらをもとにこれらの津波防災対策のあり方について解説します．

3.1　津波の発生と沿岸への来襲

　第1章で説明したように，東北地方太平洋沖地震は，太平洋プレートのもぐり込みによる断層の大きなズレを伴ったプレート間地震であったため，大きな津波が発生し，それらが東日本の沿岸に来襲して各地に甚大な被害をもたらしました．海底付近における断層のズレは鉛直方向に最大で30 mほど，また，断層のズレが発生した領域は南北方向に500 km，東西方向には200 kmの広範囲に及びました．この地震の大きさは1900年以降に世界で発生した地震の中で4番目の規模とされています．

　海底が鉛直上向きにずれたことにより，海面が持ち上げられ，津波が発生しました．初期の海面の高まりは7 mほどに及んだと考えられています（高川，2013）．ここを起点に，津波は太平洋の各方面に伝わりました．

　津波の発生地点は陸に近く，津波は短時間で各地の沿岸に到達しました．水深 h [m] の海域を伝わる津波の速さ C [m/s] は次の式で与えられます．

$$C = \sqrt{gh}$$

　ここで，g は重力加速度で，9.8 m/s^2 です．震央と宮城県・牡鹿半島の間の平均水深はおよそ500 mであるので，この間を津波は約70 m/sの速さ，つま

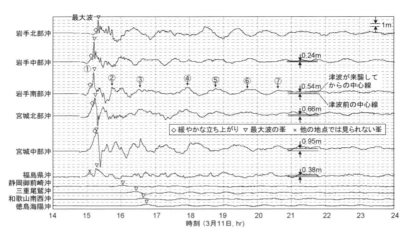

図 3.1　津波の観測記録（2011 年 3 月 11 日）（河合，2013）

東北から四国地方の太平洋沖に配置された GPS*波浪計（沖合 10〜20 km に設置）でとらえた津波波形．岩手北部沖から宮城中部沖の 5 基では，高さが数十 cm の引き波で始まり，これに続く峯が最大波となりました（最大で 6.7 m）．到達時刻は，地震発生後の約 30 分，15 時 12 分から 15 時 19 分でした．

＊ Global Positioning System，全地球測位システム．

り，時速約 250 km で伝わります．この見積もりによると，津波の第一波が沿岸に到達する時間は約 30 分となり，これは岩手県，宮城県の沖合約 10〜20 km の地点で観測された複数の津波観測結果と整合します（**図 3.1**）（河合，2013）．このように沿岸近くで発生する津波を近地津波と呼び，津波が来襲するまでに時間が非常に短いことが，津波から避難するのを難しくしている一つの要因です．大きな揺れを感じた後には，身の安全を確保しつつ，すぐに避難に備えなくてはなりません．なお，津波の伝わる速さが大きいことを，例えば，外洋ではジェット機並みの速さで伝わると説明し脅威を強調することがありますが，この伝わる速さ自体は沿岸に及ぶ浸水の規模と直接は関連しないことに注意が必要です．

図 3.1 に示した津波の波高（水面の高まり）は，沖合の深い地点であるにもかかわらず 7 m ほどあります．この地点におけるこの高さは驚異的であり，この波が沿岸の浅い領域に到達し，津波は増幅され各地に大規模な浸水をもた

らしました．津波は日中に発生したということもあり，多くの映像が残されています．例えば，有名な動画投稿サイトの YouTube (https://www.youtube.com) には多くの記録が残されており，海岸堤防を乗り越える津波，湾内で錨が投じられたまま流される船舶，市街地で津波に流される自動車など，これまで津波が来襲した場合に生じると懸念されていた様々な現象が実際に映像としてとらえられました．これらの映像は，研究者により分析がなされ，津波浸水の規模，流れの速さなど，今後の津波防災を考えるために必要な情報が得られています．

3.2　研究者・技術者・行政担当者による浸水調査

　津波が市街地，港湾に到達すると，海岸堤防，岸壁を乗り越えて大きな流速を伴う浸水が発生します．木造家屋は津波の浸水の高さが 1 m 程度で半壊，2 m を越えると全壊するとされており，2011 年に発生した東北地方太平洋沖地震に伴う津波でもこれが確認されました．また，鉄筋コンクリートのビルが転倒し，崩壊した事例も見られ，津波の浸水が持つ強大な力を見せつけられました．

　津波による浸水状況を調べるために，海に関わる全国の研究者，技術者，行政の担当者等が連携して，東日本の沿岸を中心とする各地の遡上の高さ（遡上高），浸水の高さ（浸水深）を計測しました．調査結果は，東北地方太平洋沖地震津波合同調査グループがとりまとめ，ウェブに調査データが公開されています (http://www.coastal.jp/ttjt/)．計測された遡上高，浸水深は，津波の挙動の全体像の理解，今後の防災対策の立案などの際に必要となる基本的な情報になります．

　津波の遡上高，浸水深，痕跡高の定義を図 3.2 に示します（気象庁ホームページ）．遡上高は，津波が陸地に押し寄せた最高点の高さのことです．沿岸の市街地で問題となるのは浸水深になります．浸水深が大きく，また，津波による流れが速いと被害が大きくなります．遡上高は時に非常に大きな値を示すことがありますが，狭い谷地形，斜面上等の特殊な場所が多く，また，遡上の最終地点では津波の流れは小さくなっています．テレビのニュース，報道等では，両者を区別せずに単に「津波の高さ」と紹介されることがありますが，

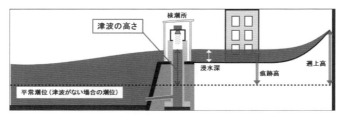

図 3.2 津波の遡上高,浸水深,痕跡高の定義
(気象庁ホームページ)

写真 3.1 浸水調査の様子 (2011 年 3 月 25 日) 福島県いわき市岩間地区
左上：津波により壊滅的な被害を受けた家屋．家主の許可を得て浸水調査を実施．
右上：地面から 3 m 56 cm の高さにあった浸水痕跡の計測（標高：6.3 m）
右下：被災家屋にあった時計．3 時 37 分 で停止し，時計内には砂がたまっていました．
左下：津波により運ばれた植物が屋根の上に残されていました．

それが大きな値である場合は，多くが遡上高であることに注意が必要です．

　遡上高，浸水深は建物，土木構造物等に残された水の痕跡の平均海面水位からの高さを測って定めます．痕跡が不鮮明である場合，見つからない場合等，調査は簡単ではありません．**写真 3.1** に，浸水被害を受けた家屋内にあった痕跡の高さを計測している状況を示します．

　このようにして収集された遡上高，痕跡高（浸水深の標高）を **図 3.3** に示します．震源近くの東北地方の沿岸で浸水が大きくなっています．また，遡上高の分布を眺めると，全般に痕跡高を上回っていることがわかります．東北地方の浸水と遡上高は明治 29 年（1896 年）と昭和 8 年（1933 年）にあった三陸沖地震による津波を上回っており，津波の常襲地帯に暮らす人々にとっても予想以上に大きな津波であったことがうかがえます．東京電力福島第一原子力発電所が立地している地点（北緯 37.5°付近）の遡上高，浸水深が周辺よりも大きくなっており，不幸にも発電所の事故が深刻化した一因です．これは，海底地形の影響により，津波の集中が生じた結果であったことが後の研究で明らかに

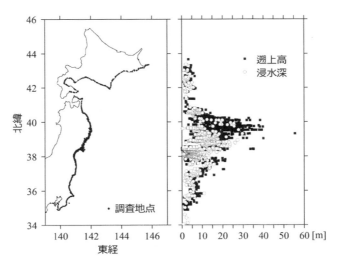

図 3.3　津波調査チームによる遡上高，浸水深の分布
　　左：調査地点の分布，　右：調査結果
　　■　津波の遡上高　　○　津波浸水の浸水深

されています．茨城県の沿岸でも10mに達する遡上高，浸水深が記録されており，北部の河口部，港湾地区を中心に大きな浸水被害がありました．

3.3 福島県いわき市勿来海岸の津波被害

福島県いわき市勿来海岸の佐糠地区と岩間地区で行った調査を紹介し，海岸堤防が津波浸水を食い止めた実態について説明します（佐藤ら，2011）．図3.4に調査域（いわき市佐糠，岩間地区，鮫川左岸河口）の被災後の航空写真を示します．写真内の北側の地区（岩間）は津波により大きな被害を受け，かなりの数の家屋が全半壊しました．ガレキは国道6号線が高架で走る山裾まで流されており，一部の漂流物は国道6号線を越えて北西側の田畑にまで及んでいました．これに対して，南側の地区（佐糠，発電所）にはほとんど被害がありませんでした．

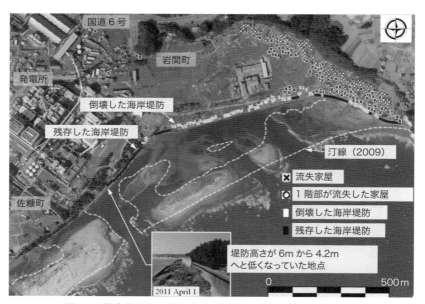

図3.4　福島県いわき市佐糠町，岩間町の被災状況（口絵参照）

第 3 章　大津波の実態とこれからの津波防災　45

写真 3.2　海岸堤防（2011 年 4 月 2 日，いわき市）
左：津波により倒壊した海岸堤防（天端高さ 4.2 m）（岩間地区）
右：津波の来襲に耐えた海岸堤防（天端高さ 6 m）（佐糠地区）

　この地区の海岸堤防は台風，低気圧などにより発生する高波を防ぐ目的で設置されたもので，高さは北側と南側で異なっていました（**写真 3.2**）．南側は河口に近く海に開いていること，また，発電所が背後地にあったことなどから，高さ 6 m の海岸堤防が設置されていると考えられます．これに対して，北側には砂州が発達しており，荒波を防ぐ効果が期待できたことより，海岸堤防の高さは 4.2 m に設定されていたと考えられます．この海岸堤防は津波を防ぐ目的で設置されたのではないことに注意が必要です．2009 年の砂州形状と津波来襲後の地形を比較すると，海岸堤防が倒壊した位置に砂州の決壊が見られました．津波の押し寄せ時には，ほぼ一様に陸域に浸水があったのに対して，水塊が海に戻るときには海岸堤防が倒壊した箇所に集中し，砂州に浸食が生じたと考えています．
　避難しながら津波を目撃した住民の方からは，「第一波と第二波は，堤防（高さ 4.2 m）を越えたが，北部の集落の方は襲わず，発電所の方へ流れていった．第三波は南から来襲し，北部の集落を流出させた」との証言がありました．こ

れは，海岸堤防背後の道路の標識が，ほとんどすべてが陸側に倒れていたこと，ガレキの分布などと整合します．被災した家屋に残されていた時計の多くが15時38分頃で停止していました．

　一方，津波はこの地区の南側にあった高い海岸堤防（高さ6m）を全面的に乗り越えることはありませんでした．このことが，この地区内の南北で大きな被害の差が生じた理由になります．荒天時の高波を防ぐ目的で設置された海岸堤防が津波の浸入を防ぎました．

　東北地方太平洋沖地震に伴う津波では，津波が海岸堤防を乗り越え，海岸堤防を損壊させた事例が多数報告されています．荒天時の高波を防ぐための海岸堤防は，波が長時間にわたり越流することは想定されていません．したがって，海岸堤防が倒壊したことは残念ではありましたが，技術的な不具合があったとはいい切れません．今後，海岸堤防，防潮堤等を築く際には，瞬時に壊れない構造とすること，すなわち，粘り強い海岸堤防とすることが，それらの構造物を管理する国土交通省の基本方針として定められました．

3.4　これからの津波防災対策

　今回の津波による甚大な被災を受け，津波防災の考え方の整理がなされました（内閣府，2011）．大きな転換点は，既往最大規模の津波への対策として海岸構造物（ハード対策）のみに頼ってしまうのではなく，住民避難を軸としたソフト対策との総合的な対策を考えるとした点になります．既往最大の記録というのは，ある場所で経験した最大の自然による擾乱（じょうらん），例えば，津波であれば最大の浸水高，地震であれば揺れの最大加速度を意味します．東北地方太平洋沖地震に伴う津波では，科学的な記録が残されるようになってからの各地における最大の浸水を記録しました．これらの浸水を，海岸堤防，水門などの建設による対応で防ぐことは技術的には可能です．しかしながら，これらの建設と維持に莫大な費用がかかること，高い構造物が陸と海を分断して日々の営みを著しく阻害することなど，負の側面も大きく，その実現性には疑問が多い対応です．

　そこで，政府は津波の規模を2種類に分けて防災対策を考えることを示しま

表 3.1 L1 津波と L2 津波の考え方

	L2 津波	L1 津波
想定する津波の発生頻度と規模	発生頻度は極めて低いものの，発生すれば甚大な被害をもたらす最大クラスの津波（2011 年 3 月の津波が相当）	最大クラスの津波（L2）に比べ発生頻度が高く，津波の高さは低いものの大きな被害をもたらし得る津波
防災対策	住民避難を軸とした総合的な対策（ハザードマップの作成，避難訓練の実施，津波観測警戒システムの開発など）	津波発生時には避難することを基本とする．海岸堤防，河川堤防などを建設し，人命，資産の保護を目指す

した．**表 3.1** にその考え方を説明します．L1 津波とは発生頻度が比較的高い津波で，100 年のうちに数回ほど来襲する津波を想定します．これに対して，L2 津波とは，今回の津波のような数百年に一度発生する大規模の津波を想定します．既往最大規模の津波に対応する，というこれまでの津波防災はわかりやすいコンセプトでしたが，今回の津波ではその限界も露呈しました．政府が提案した津波防災の考え方は，津波の発生を豪雨，強風などと同様に確率的に考えて，対策を目指すものです．ただし，津波が来襲する頻度は小さく，観測記録の蓄積が不十分なことにより，現時点では正確に統計的な議論を展開することはできません．今の段階では，従来の津波防災の考え方を転換した点に大きな価値があります．

　津波防災の基本は，安全な場所に避難することにありますが，相対的に規模の小さい L1 津波については，沿岸の資産を保護することを視野に入れた対策を考えます．具体的には，沿岸の各地で想定する L1 津波の高さより，海岸堤防，水門などの規模を定め，整備を進めていきます（ハード対策）．これらの構造物は L2 津波が来襲すると壊れる可能性がありますが，その際にも瞬時に壊れるのではなく，一定の時間もちこたえることを考慮して設計することが求められています．ハード対策に加え，沿岸市街地では，素早い避難を可能にする避難経路の設定，誘導標識の設置，これらを活用した避難訓練の定期的な実施など，いわゆるソフト対策を行い，総合的に津波に備えます．今回の津波の記憶が鮮明な現在では，各地で津波防災訓練，啓発活動などが行われています

が，これを継続することが肝心です．

参考文献（アルファベット順）

河合弘泰（2013）NOWPHAS が捉えた東北地方太平洋沖地震津波の諸相，ながれ，31，21–26．

内閣府（2011）東北地方太平洋沖地震を教訓とした地震・津波対策に関する専門調査会報告，http://www.bousai.go.jp/kaigirep/chousakai/tohokukyokun/index.html（参照 2015.6.5）．

佐藤愼司・武若聡・劉海江・信岡尚道（2011）2011 年東北地方太平洋沖地震津波による福島県勿来海岸における被害，土木学会論文集 B2（海岸工学），67(2)，I_1296–I_1300．

高川智博（2013）津波波源の逆推定手法，日本流体力学会，ながれ，31，9–14．

column コラム

測量の様子．宮城県名取市．2011年5月8日撮影．

東北地方太平洋沖地震津波の堆積物調査

藤野滋弘

　被災した仙台空港が再開してしばらく経った2011年5月上旬，日本の研究者を中心として組織された調査チームの一員としてアメリカ，イギリス，オーストラリア，ポーランド，インドネシアの研究者らとともに宮城県名取市で調査を行いました．この調査では主に津波堆積物の調査を行いました．津波堆積物とは津波によって海底や海浜から運ばれ地表を覆う礫や砂，泥であり，地層中に保存された津波堆積物は過去の津波を知る手がかりになります（詳細は第1章2節を参照）．もし過去の津波の流速や高さ，浸水範囲などが津波堆積物からわかれば将来発生する津波への対策を立てるのに有益な情報となります．しかしながら津波堆積物が津波に関するどんな情報を，どの程度正確に記録しているかについてはいまだに不明点が多くあります．しかも地層中に保存された津波堆積物を他の堆積物と区別する手法も確立されているわけではありません．この調査の目的は，時間が経つと失われてしまう情報を迅速に集め，過去の津波の情報をより正確に知る手法の改良・開発に利用することでした．

　2004年にインド洋津波が起きた後，その堆積物を調べる研究が多く行われました．しかしほとんどの場合，堆積物の情報が得られても津波の流速や高さ，浸水範囲といった津波そのものの情報が得られていませんでした．そこでこの調査では津波が陸地に浸入する様子がヘリコプターから撮影されている地域で海岸線に直交する側線を設定し，その側線上で津波の高さ（浸水深）や津波堆積物の厚さ・粒度（堆積物粒子の大きさ）を連続的に測定しました．また，化学組成や，津波堆積物に含まれる微生物の遺骸を分析するための試料採取も行いました．これらの分析結果は津波の流速を堆積物から推定するモデルの改良や，地層中に保存された津波堆積物を識別する手法の改良に活かされています．

第4章
地 盤 災 害

松島亘志

本章では，地震によって引き起こされる地盤災害について解説します．本章1節で概要を説明した後，本章2節で地震の揺れを増幅させる表層地盤の性質について，本章3節で地震による斜面崩壊について，本章4節で地盤の液状化と流動について説明します．

4.1 地震による地盤災害の概要

地盤とは，我々の生活と関わる地球の表層部分を指しますが，その力学的な性質（硬さや強さ，含まれる水の量やその通りやすさなど）は，場所ごとに違います．我々はそこに様々な構造物（住宅や橋，道路，トンネル，堤防など）を建設して生活していますが，この地盤の性質を正しく理解していないと，せっかく造った構造物が傾いたり，壊れたりしてしまうことがあります．ピサの斜塔などは有名な例です．現代では，地盤の性質を事前に調査して，様々な構造物を安全に造る工学技術を蓄積してきています．このような地盤の工学技術についての学問を地盤工学，その基礎となる力学を土質力学と呼びます．

地震は，プレート運動によって地盤の深い場所が破壊され，その際に発生した地震波が地盤を伝わってきて，地表面を揺らす現象です（図4.1）．この揺れの大きさは，一般的に地盤が軟らかいほど大きくなるため，この地震動の増幅の性質を知っておくことは，地震による建物被害を軽減するために重要なことです．また，地震によって地盤自体も変形・破壊することがあります．山地部の自然斜面や，宅地開発のために人工的に造った盛土斜面などは，大きな地震動を受けて崩壊することがあります．さらに，河川や海岸付近の砂地盤や，埋め立て地などでは，地盤が液体状になる「液状化」と呼ばれる現象も発生し

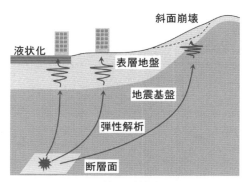

図 4.1 地震と地盤の関係
地震は地盤の深い部分が急激に破壊して地震波が伝播する現象です．表層付近の地盤が軟らかいと，地震の揺れが増幅されます．また，強い地震動により，地盤自体の破壊（斜面崩壊や液状化現象）が発生する場合もあります．

ます．このような地盤災害を軽減するためには，現象を正しく理解し，地盤の性質を調べて，必要な対策を講じることが必要となります．以降の節では，軟弱な表層地盤における地震動の増幅，地震による斜面崩壊，液状化現象のそれぞれについて，詳しく見ていきます．

4.2 地震の揺れに及ぼす表層地盤の影響

(1) 地盤の形成についての基礎知識

　地震波の伝わる速度は，地盤が硬いほど大きくなります．一方，地震の揺れの振幅は，地盤が軟らかいほど大きくなります．一般に，地盤は土砂が長い年月をかけて徐々に堆積することで形成されますが，下の方にある古い地盤ほど，上に堆積した土砂の圧力で押し固められたり，地下水中の石灰分で固着したりするなどして硬くなっています．したがって，地盤の形成された年代と関連づけられる地層情報は，地盤の性質を知る上での基礎情報となります．
　地層の形成には，河川の侵食・運搬・堆積作用が深く関わっています．山地

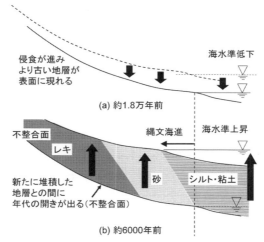

図 4.2　地盤の形成プロセス
地盤の形成には地殻運動による地面の隆起・沈降と，気候変動による海面の上昇・低下が影響を及ぼします．海に近くなれば水の流れる速度は遅くなり，土砂が堆積します．速度が速いところでは小さい土粒子は堆積できないため，海から陸へ向かうにつれて堆積している粒子は粗くなります（分級作用）．

部の地盤は，風雨による風化や侵食を受けて粒子状になり，流水によって運搬され，河川敷や海底に堆積します．その際，小さい土粒子ほど遠くまで運ばれるので，上流側から順に，レキ層，砂層，シルト・粘土層というように，同じ種類の粒子がまとまって堆積して層を作ります（**図 4.2**）．このような作用を分級作用と呼びます．地殻運動による地面の隆起・沈降や，海水面の上昇・低下により，同じ場所でも流水の状況が変化し，その結果，異なる種類の土粒子が堆積することで層状の地盤が形成されます．

分級現象は，火山性堆積物にも見られます．すなわち，火山噴火に伴って噴出する火山岩や火山灰は，粒径の小さいものほど遠くまで飛んで堆積します．

ヒト属（ホモ属）が現れた 258 万年前以降の地質年代を第四紀と呼びますが，この時期より以前に堆積した地盤は十分固結した岩盤と分類されます．第

四紀のうち，直近の亜氷期[1]が終わる1.17万年前までを更新世，それ以降を完新世と呼びます．一方，最終氷期の約1.8万年前には，地球規模で氷河が形成され海水が減少したため，海面は現在より100〜140mも低かったといわれています．海面が低いと海岸線が海側に移動し，陸地は，より侵食傾向となります．その結果，多くの地盤では，それ以前に堆積していた土砂をどんどん侵食する状況が続きました．その後，徐々に気温と海面が上昇し，海岸近くの陸地であった部分が海に沈み，海岸線付近の多くの地盤で堆積傾向となり，新しい地層が形成されました．すなわち，多くの地盤では，1.8万年以前と以降の地層では堆積年代の開き（不整合）があることが多く，そのことから，地盤工学においては，前者を洪積層，後者を沖積層と呼んで，地質年代と分けて分類することが多く行われています．沖積層が厚く堆積した地盤は，特に軟弱で，土木建設工事を行う際には注意が必要な地盤であり，地震動の増幅も大きくなります．

なお，完新世での海面上昇は約6000年前にピークに達しましたが，そのころの海水面は現在より3〜5m高かったといわれています．日本ではこれを，その時代にちなんで縄文海進と呼びます．その後，海水面はやや低下傾向になり，現在に至っています．

河川勾配が緩やかになる扇状地や平野部でも土砂は堆積傾向となります．したがって，現在あるいは旧河道沿いの地盤の多くは，軟弱地盤となっています．また，砂層が緩く堆積したところでは，後述のように液状化が発生する危険性があります．

(2) **表層地盤での揺れの増幅**

第2章では，地表面の揺れと建物の揺れの関係を，簡単なばね-質点のモデルで考えました（**図2.5**）．軟弱な表層地盤の揺れの増幅を考えるときにも，同じモデルを使うことができます．ただし，この場合には，ばねの硬さは建物の硬さではなく，表層地盤の硬さを表します．

図4.3は，そのようなモデル解析の例を示しています．図では，基盤面（硬い岩盤面）に入力される地震動の周期を横軸に，縦軸には，基盤面の地震動の揺れの大きさに対する，地表面の揺れの大きさの割合（増幅率）を表していま

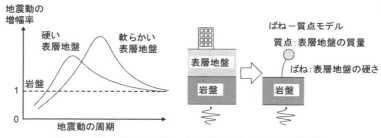

図 4.3 ばね-質点モデルによる表層地盤の地震動増幅特性

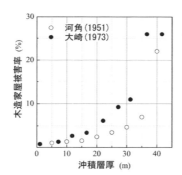

図 4.4 1923 年関東地震による木造被害率と沖積層厚の関係
(宇津ほか，2001)

す．まず，全体的な傾向として，軟らかい地盤の方が，硬い地盤よりも増幅率が大きめに出ていますが，これが「軟弱地盤は揺れやすい」という一般的な傾向を表しています．次に，硬い地盤も軟らかい地盤も，最も増幅率が大きくなる地震動の周期（固有周期，第 2 章参照）があることがわかりますが，この周期が両者で異なるため，比較的短い周期の波を多く含む地震動に対しては，かえって硬い地盤の方が軟らかい地盤よりも揺れる場合もある，ということもわかります．この表層地盤の増幅特性を考慮することで，例えば，1923 年関東地震において，木造倒壊率と沖積層厚に高い相関が見られること（**図 4.4**），比較的軟らかい地盤が深く堆積している関東平野に，長周期の地震動が入って

きた場合，固有周期の長い高層ビルがとても揺れやすくなること，などが理解できます．

(3) 表層地盤の硬さの評価と耐震設計

現在，国立研究開発法人防災科学技術研究所「地震ハザードステーション」では，表層地盤増幅率の全国マップを公開しています（http://www.j-shis.bosai.go.jp/map/）．そこでは，前節で述べたような「地盤のでき方」に着目し，扇状地，後背湿地[2]，三角州などの微地形区部情報をもとにして増幅率を推定しています．一方，より精度の高い増幅率の算定のためには，地面に穴を掘り，その際の貫入抵抗値によって地盤の硬さを直接計測する方法が必要となります．その代表的な試験は標準貫入試験と呼ばれるもので（図 4.5），道路や橋などのインフラ構造物の建設においては，この試験が必ず行われますが，試験費用が高額となるため，一般の戸建て住宅の建設の場合には，より安価なスウェーデン式貫入試験などが用いられます．

また最近では，地盤内を伝わる波の速度と地盤の硬さに相関があることを利用して，地表面を起震機などで揺らし，一列に並べた受信機でその振動を記録し，それを解析して地表面付近の弾性波速度を求める弾性波探査を行う例も増

図 4.5　標準貫入試験の様子（左）と用いるハンマー（右）

えてきています．

　道路や橋などのインフラ構造物の設計基準においては，前述の表層地盤の固有周期や弾性係数から地盤種別を定め，それによって定まる補正係数を用いて設計震度を算定する方法[3]）が広く行われています．より詳細には，標準貫入試験などから求めた地盤の物性値を用いて，コンピュータによる数値解析も行われます．

(4) 現状のまとめと今後の課題

　地震の多い日本においては，軟弱で揺れやすい地盤での設計方法はある程度確立しているといえますが，表層地盤の硬さは，場所によって大きく異なり，それを精度良く調査するための費用が高額である，という問題点があります．深さ方向の硬さ分布の評価も含めて，安価な調査方法の開発が望まれます．

　また，これまで日本では様々な建設事業が行われてきましたが，その際に行った地盤調査データの多くが，きちんとデータベース化されていない，という問題があります．近年，国土交通省の KuniJiban（http://www.kunijiban.pwri.go.jp/jp/）や，地盤工学会のデータベース事業（『全国 77 都市の地盤と災害ハンドブック』『新・関東の地盤』など）により，徐々に整備されてきましたが，都市部以外ではまだデータ密度が十分ではありません．このような国土基盤情報を整備して，地盤防災に役立てていくことが重要です．

4.3　地震による斜面崩壊

(1) 自然斜面崩壊，盛土崩壊の事例

　日本では，地震や台風による土砂災害が毎年のように発生していますが，その多くは，自然の地形として形成された斜面（自然斜面）での崩壊によるものです．例えば 2004 年新潟県中越地震では，1,600 以上の斜面崩壊箇所が確認されましたが，その多くは国や県が指定した地滑り危険箇所などの自然斜面で発生しています（**図 4.6**）．近年の和歌山県や山口県，広島県などでの豪雨による土砂災害も同様です．

　このような自然斜面での土砂災害がなくならない最も根本的な原因は，前述

図 4.6 2004 年新潟県中越地震での自然斜面崩壊の例（左）と，斜面崩壊によって川がせき止められて形成した土砂ダム（右）（東北大学山川優樹准教授提供）

の通り，地盤の性質が場所や深さによって異なり，それを精度良く調査するには高額な調査費用がかかることです．一方で，2001 年の土砂災害防止法の施行に伴い，国や自治体は，土砂災害危険箇所の指定を進めてきています．これは，地形判読や過去の災害の履歴，そして現地踏査などから決められるもので，その結果をもとに，住民への周知や砂防ダムの建設などの対策が取られています．

　人工的に造られた道路盛土や堤防の斜面などでも時に沈下や崩壊が発生します（**図4.7**）．これは盛土作成時の締固め不足などの人為的な原因もありますが，

図 4.7　2004 年新潟県中越地震での鉄道盛土の崩壊事例
（東京理科大学龍岡文夫教授提供）

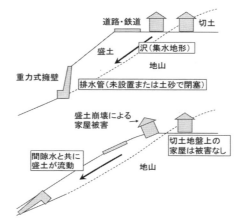

図 4.8　2004 年新潟県中越地震で多く見られた，盛土崩壊のメカニズム
（東京理科大学龍岡文夫教授の資料をもとに作成）

多くは，集水地形[4]）や，切土との境界での問題など，周りの自然地形との関わりが原因となっている場合が多く見られます．**図 4.8** は，そのメカニズムを示したものですが，もともと，沢（水が集まる地形）だった場所に盛土を造って道路などを通す場合，盛土内に配水管を通し，きちんと排水性を確保しないと，多量の地下水によって盛土が緩んで崩壊しやすくなります．仮にこのような配水管を設置しても，適切な維持管理を行わないとすぐに詰まってしまい，役に立たなくなってしまっている例も多く見られます．

　2008 年岩手・宮城内陸地震では，やはり山地部に発生した地震であることから，多くの土砂災害が発生しました．そのうち，栗駒山の斜面崩壊で発生した土石流がドゾウ沢を流れ下り，5 km 下流の旅館を押し流した災害事例（**図 4.9**）では，土石流の影響範囲の推定の難しさが認識されました．隣の沢（ウブスメ川）で同様に発生した土石流が 1～2 km 程度で止まったのに対して，ドゾウ沢の土石流は 10 km も流下しましたが，これは崩壊地の雪と雪解け水を多く含んで流れやすくなった可能性が指摘されています．また，旅館の対岸斜面が地震で崩壊して，土石流の行く手を塞いだことが，旅館の被災に関わったことも指摘されています．

図 4.9 2008 年岩手・宮城内陸地震でのドゾウ沢土石流（左：全景，右：被害を受けた駒ノ湯温泉付近）
左岸（右の写真左上）の斜面崩壊が流路をふさいだため，土石流が右岸の駒の湯温泉（同右下）にまで流れ込みました．（国立研究開発法人土木研究所土砂管理グループ火山・土石流チーム提供）

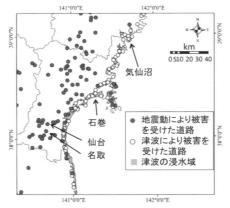

図 4.10　2011 年東北地方太平洋沖地震での道路被害
（櫻井・庄司ほか，2012）

2011 年の東北地方太平洋沖地震では，甚大な津波被害を受けましたが，斜面や盛土の崩壊に伴う道路被害も相当数あり，被災後の緊急対応に大きな支障

が出ました（**図4.10**，櫻井・庄司ほか，2012）．東京電力福島第一原子力発電所の事故でも，発電所背後の送電線が，斜面崩壊により被災しました．このように，土砂災害は二次災害としても大きな影響を及ぼすことを知っておく必要があります．

(2) 斜面崩壊解析の基礎

斜面崩壊の駆動力は重力です．斜面崩壊解析の基本は，まず複雑な地形と地盤物性が与えられたときに，どのような滑り面（破壊面）が斜面の中に形成されるかを決めるところにあります．例えば斜面表層が雨水により風化された砂層で覆われているような場合は，斜面に沿った浅い滑りが発生し（**図4.11**(a)），比較的一様で軟弱な粘性土からなる斜面の場合には，円弧状の深い滑りが発生します（**図4.11**(b)）．ここでは最も単純な例として，同じ角度 i で無限に続く斜面（一次元斜面，無限斜面）において，地表から深さ h の位置に滑り面が発生すると仮定してみましょう（**図4.12**）．単位横幅当たりの土の柱を考えると，同じ幾何学条件が続いていることより，右隣と左隣の土柱から受ける力の合力はゼロとなります．土柱の重量を W（$=\rho_1 gh$，ここに ρ_1 は土の密度，g は重力加速度）とすると，重力により斜面を滑り落ちようとする斜面流下方向の力 $W \sin i$ に抵抗するのは，土柱の底面に作用する滑り抵抗力 T のみになります．土柱がまさに滑り出そうとしているとき，T は，土の最大摩擦力 F と最大粘着力 C の和として $T = F + C$ のように表されます．土の摩擦力は，他の固体物質

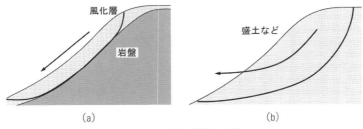

図4.11　斜面崩壊の形態
(a) 岩盤上に風化層がある場合の直線状の滑り．(b) 軟弱盛土などの円弧状の深い滑り

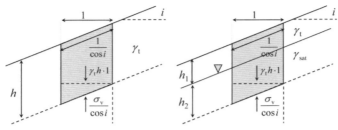

図 4.12　1次元斜面モデル

地下水がない場合(左)とある場合(右)．$\gamma_1 = \rho g$ は土の単位体積重量，i は斜面角度．

の摩擦と同様に，最大静止摩擦係数 μ と滑り面に垂直な方向の拘束力 N（$= W \cos i$）の積として $F = \mu N$ と表されますが，土質力学では $\mu = \tan \phi$ と表し，ϕ を土のせん断抵抗角または内部摩擦角と呼びます．一方，粘着力 C については，単位滑り面積当たりの粘着力 c を材料定数として，$C = cS$（S は土柱の滑り面における底面積，$S = 1/\cos i$）と表します．ϕ と c を土の強度定数と呼びます．これらより，限界状態では，

$$W \sin i = T = \frac{c}{\cos i} + W \cos i \tan \phi$$

$$\therefore \quad \tan i = \frac{c}{\rho_1 gh \cos^2 i} + \tan \phi$$

となります．

砂地盤では粘着力 c はほとんどなく，その場合，上式は $i = \phi$ となり，斜面勾配 i が土の内部摩擦角 ϕ と同じになると斜面の滑りが生じることになります．この条件は，斜面のどの深さでも同じになるため，通常は土の自重による締め固めが十分でない，斜面の表層部分で滑りが発生することになります．これは砂遊びなどでも観察することができます．一方，粘土地盤は粘着力が無視できず，その場合，滑りの生じる深さ h_{cr} は，上式を変形して

$$h_{cr} = \frac{c}{\rho_1 g \cos^2 i (\tan i - \tan \phi)}$$

となり，粘着力が大きいほど滑り面の深さは増加することがわかります．

一次元斜面モデルは，地下水の影響を考えるときにも役立ちます．同じ斜面が地下水で飽和している場合には，土柱の密度 ρ_{sat} は，土粒子の隙間に入り込んだ水の分だけ増加します．そのため，斜面を滑り落ちようとする力は増加しますが，地盤中では静水圧（浮力）が作用するため，土の骨格が受ける，滑り面に垂直な方向の拘束圧成分はそれほど増加しません．その結果，最大の摩擦抵抗もそれほど増加せず，斜面は滑りやすくなります．砂地盤の場合には，土柱を滑らそうとする力と土の滑り抵抗力のつり合い式は，水の密度を ρ_w として

$$\rho_{sat}\, gh \sin i = (\rho_{sat}-\rho_w) gh \cos i \tan \phi$$

$$\therefore \quad \tan i = \frac{\rho_{sat}-\rho_w}{\rho_{sat}} \tan \phi$$

となり，乾燥時の限界勾配よりも小さな斜面勾配で滑りが発生します．土の間隙率を30％，土粒子の比重を2.6として計算すると，$(\rho_{sat}-\rho_w)/\rho_{sat}$ の値は約0.53となり，半分程度まで限界勾配が低下することがわかります．

一方，円弧滑りを仮定した図解法による解析も，20世紀前半から行われて

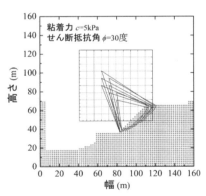

図 4.13 円弧滑り法による斜面の安定計算例

様々な円弧の中心位置と半径によって決まる滑り面に対して，安全率（滑りにくさ）を計算して，危険な滑り面を描画しています．

います．そこでは，隣り合う土柱同士の力のやりとりに仮定を設けて，様々な円弧を描いて土柱体積や底面角度を図から求めて計算する方法で，前述の一次元斜面モデルのように解を式で表すことはできませんが，工学実務で長く使われてきました．現在は，コンピュータを用いて同様の解析を短時間で行うことが可能となっています（**図4.13**）．

実際の斜面の滑り面形状は，不均質な地盤物性の影響を受けて，上述のような単純な形状にはなりません．そういった計算もコンピュータを使えば可能ですが，前節にも述べた通り，地盤の物性を精度良く調査することが難しい現在では，解析手法自体の精度（自由度）を上げても，実質的な予測精度はあまり上がらないという難しさがあります．

(3) 土砂災害対策の現状

2001年に施行された土砂災害防止法（正式名称「土砂災害警戒区域等における土砂災害防止対策の推進に関する法律」）は，土砂災害から国民の生命を守るため，土砂災害のおそれのある区域について危険の周知，警戒避難態勢の整備，住宅等の新規立地の抑制，既存住宅の移転促進等のソフト対策を推進する目的で作られた法律です．そこでは，土砂災害の種類を ① 急傾斜地の崩壊，② 土石流，③ 地滑りの三つに分類し，それぞれについて，警戒区域および特別警戒区域を指定して，前者に対しては，住民への危険の周知，警戒避難態勢の整備，後者に対してはさらに，区域内の開発行為の制限や，建築物の構造規制，建築物の移転等の勧告などを行います（**図4.14, 4.15**）．平成25年3月の時点で，全国の土砂災害警戒区域は309,539区域，土砂災害特別警戒区域は169,890区域となっています．

警戒区域の指定は，対策工などのハード対策を進める際の基準となるだけでなく，住民に危険を認識させ，早期の避難などを促すソフト対策のためにも重要です．しかしながら，同時に，自由な土地利用の制限や，土地価格の下落など，住民が不利益を被る側面もあります．そのため，指定区域の妥当性に関しては，常に精度の向上に努めることが必要です．現在のところ，警戒区域の指定は，各自治体の防災課の職員などによって，過去の災害発生の歴史を踏まえた経験的な手法で行われており，必ずしも合理的な説明ができるケースばかり

第4章 地盤災害　65

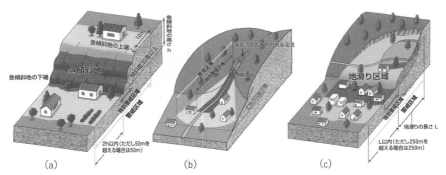

図 4.14 土砂災害の種類と警戒区域（濃い灰色：特別警戒区域，薄い灰色：警戒区域）
（a）がけ崩れ危険箇所：雨や雪どけ水，地震などの影響で，30度以上の斜面が急激に崩れ落ちる危険がある箇所，（b）土石流危険箇所：山や川の石や土砂が，大雨などにより水と一緒になって激しく流れ下る危険性がある渓流の周辺の箇所，（c）地滑り危険箇所：雨や雪どけ水が地中にしみこみ，断続的に斜面が滑り出すおそれがある箇所（国土交通省水管理・国土保全局砂防部提供）.

図 4.15 警戒区域周知のための看板

ではないのが現状です．

(4) 現状のまとめと今後の課題

　これまで述べてきたように，盛土やダム，堤防などの人工斜面に関しては，ある程度制御が可能であり，安全に造る技術も確立しているといえます．ただ

し，排水性の悪い盛土材の改良技術や，排水溝の維持管理の制度化など，災害を減らすためにできることは，まだまだ多く残っています．

自然斜面に関しては，その物性情報取得の難しさが，災害軽減のための障害になっています．地層の節理や不連続面なども含めた，地盤の不均質性について，簡便な調査手法の開発はぜひとも必要です．また，危険箇所の指定に関しては，より精度の高い手法の開発が必要です．特に，斜面崩壊の影響範囲の予測は非常に難しく，今後の研究成果の積み上げが必要といえます．

4.4 地盤の液状化と流動

(1) これまでの被害事例の概要

地盤の液状化とは，地下水で飽和された緩い砂地盤が，強い地震動により液体状になる現象です．1948年福井地震，1964年新潟地震，1964年アラスカ地震などで報告され，その後の地震で詳細に調べられるようになりました．

液状化被害を大きく分類すると，構造物の沈下や浮き上がりといった，液状化に伴う地盤の変形抵抗力の減少がもたらす直接的な被害と，液状化した地盤が流動することで発生する間接的な被害に分けられます．前者に関しては，構造物の基礎杭を，液状化の発生しにくい深い地層まで打ち込むことで沈下を防ぐことができます．ただし，2004年新潟県中越地震では，多くのマンホールが液状化によって浮き上がり，車両通行止，衛生面の問題などの二次災害が発生しました（**図4.16**）．これは，マンホールを設置する際に，周りに埋め戻した土が液状化しやすい土であったことが原因であるといわれています．また，東北地方太平洋沖地震では，基礎杭を設置していない一般戸建て住宅が多く沈下被害を受けましたが，これは，2階建て以下の戸建て住宅では，杭設置や事前の地盤調査は法律で規定されておらず，任意であることが関係しています．また，液状化は強い繰り返しせん断を受けたときに発生するもので，一般に普及しているスウェーデン式貫入試験による調査のみでは，液状化の有無を適切に判断できない場合もあります．

液状化した地盤が傾斜していると，重力によって地盤が低い方へ流動します．通常の状態では流動が発生しない緩やかな斜面（勾配0.5～3%程度）で

図 4.16 液状化による建物の沈下（左，1999 年台湾地震）**とマンホールの浮き上がり**（右，2004 年新潟県中越地震：東北大学地盤工学研究室提供）

も，液体のように大きく流動することが被害調査や実験などで明らかにされています（**図 4.17**）．一方，1995 年兵庫県南部地震では，強い地震動によって岸壁が海側に倒された後，その背後地盤が液状化していたため，支えを失って広範囲（岸壁から 100 m 以上）で，1 m 以上海側へ流動する被害が確認されました．このような流動地盤中に杭が設置してある場合，鉛直力だけでなく流動圧

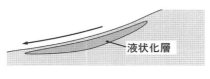

図 4.17 液状化に伴う流動のパターン
上：緩やかな斜面が液状化すると，重力の作用で流下します．下：地震動によって岸壁が海側に変位すると，液状化した背後地盤の支えがなくなり，海側に流動します．（安田，1999 の図をもとに作成）

による水平力がかかり，杭が破損する被害が発生しました．そのため，1995年兵庫県南部地震以降，液状化対策杭の設計が見直されることになりました．

(2) 液状化と流動の模型実験

液状化と流動は，簡単な模型実験で再現することができます．まず，水槽に水を入れ，おたまなどで砂を緩く堆積させます（図 4.18(a)）．堆積後，水を少し抜いて，地表面が水面より少し高くなるようにします（同(b)）．そして，地表面に建物模型を設置して，振動を加えます（同(c)）．ここではモーターを使って振幅 5 mm，振動数 3 Hz で振動させていますが，水槽を板ばねなどで支持して，それを手で揺すっても構いません．すると，見る間に地盤が液状化し，建物模型が地盤の中に沈み込みます．また，地盤模型内に埋めておいたピンポン玉は浮き上がってきます．同(d)では，向かって右側に堤防模型のアクリル板を設置してあります．振動によってこのアクリル板が右側に倒れると，液状化地盤が支えを失って流動します．流動は地表面が水平になるまで進みます．

(a) 水中で地盤を緩く堆積させる

(b) 水を抜く

(c) 建物模型を設置

(d) 振動を加えた後の様子

図 4.18 液状化と流動の模型実験（口絵参照）

(3) 液状化のメカニズム

前述のように，液状化の発生条件は，
- 緩い砂地盤であること
- 地下水で飽和状態にあること
- 強い地震動を受けること

とまとめることができます．砂地盤は，砂粒同士が積み上がって，中に間隙を有した状態で安定構造を作っています．この間隙の割合は，積み上がり方に応じて変化します．間隙の割合が相対的に大きいとき，その砂地盤は「緩く堆積している」「緩い構造を作っている」などといいます．

そのような緩い砂地盤が強い地震動（繰り返しのせん断（**図 1.3** 参照））を受けると，粒子間の接触点が失われ，土の構造が破壊されます．**図 4.19** は，二次元の数値計算によって液状化を再現したものです．ここでは，まず上下方向に圧縮して拘束圧をかけた後，今度は全体の体積を一定に保ったままで，上下の境界粒子に互いに逆向きの水平変位を繰り返し与えて，地震動によるせん断を模擬しています．何回か繰り返すと，粒子間を結ぶ線分で示された接触点が失われ，粒子はバラバラに宙に浮いた状態になります．これが液状化状態です．液状化前後の粒子の位置を比べてみると，ほとんど違いが見られないこと

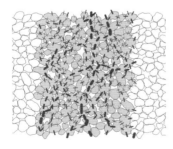 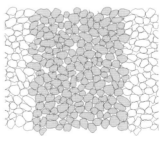

(a) 液状化前（粒子間の線分は接触力を表す）　　(b) 液状化後（粒子間接触力を表す線分が消える）

図 4.19　液状化の数値解析

全体の体積を一定に保ったままで繰り返しせん断を加えると，粒子同士のかみ合いがはずれ，土の構造が破壊されます．

がわかります．つまり，粒子はお互いにほんのわずかずつ移動して，接触点のない状態を作り出すのです．

実際の液状化現象では，粒子間の間隙が水で満たされています．もしも空気が混ざっている不飽和状態であれば，空気は比較的小さな力で圧縮することができるので，隙間が少なくなることで全体の体積も減少し，すぐに粒子間接触点が再形成されます．水で飽和されていることで，地震の最中に体積一定の条件が満たされ，図の解析結果のような状態が実現するのです．

しかし，水で満たされた間隙はつながっているので，圧力の小さい地表に逃げることができます．地震後に水が地表に噴き出すと，全体の体積が減少し，やはり構造が再形成されて，地盤は固体に戻ります．この液状化継続時間は，15分程度にもなる場合もあります．これは比較的深いところにある間隙水が地表に抜けるのに必要な時間であると考えることができます．粒径の大きなレキからなる地盤では，上述の構造消失が起こる前に水の圧力が抜けてしまい，液状化しにくいことがわかっています．一方，粒径の小さな粘土地盤などでは，粘着力成分により構造が破壊されにくく，液状化しにくいことが確かめられています．

(4) 液状化危険度判定と対策の現状

道路や橋などの土木構造物の設計において，液状化危険度の評価とその対策は重要事項です．現在の多くの設計基準では，まず，過去の液状化履歴の調査，現在の地下水位や地質等の調査をもとに，液状化可能性を判断し，危険だと判定される場合により詳細な危険度評価を行うこととなっています．

例えば，道路橋示方書[5]での液状化可能性判定は，以下の項目を評価することとなっています．

① 原則として現地盤面から20m以内の沖積砂質土
② 地下水位面が現地盤面から10m以内
③ $D_{50} \leq 10$ mm　かつ　$D_{10} \leq 1$ mm
④ $F_c \leq 35\%$　あるいは　$I_p \leq 15$

ここで，D_{50}，D_{10}は，それぞれ50%粒径，10%粒径（その粒径以下の重量が全体の50%，10%となる粒径），F_cは，細粒分含有率（0.075mm以下の粒

径成分），I_p は，塑性指数（どのくらいの水を含んで安定でいられるかの無次元の指標．土の液性限界・塑性限界試験方法（JIS A 1205：1999）より求められる）で，土の物性値となります．①は20 m以上の深い場所では，拘束圧が高く液状化しにくいこと，また洪積層では年代効果で固着して液状化しにくいことを考慮したものです．②は水の飽和条件です．③は比較的大きな土粒子が含まれていると，隙間のサイズも大きくなり，地下水が地表に抜けるまでの時間（液状化継続時間）が短くなることを考慮したものです．④は細粒分が多く含まれていると，間隙が細粒分で満たされ，沈下しにくくなったり，細粒分の粘着力により液状化しにくくなったりすることを考慮したものです．

上述の項目がすべて満たされ，液状化の可能性があると判定された地盤については，FL法と呼ばれる簡易予測手法が適用されます．F_L は液状化抵抗率と呼ばれ，液状化強度比 R と，せん断応力比 L によって $F_L = R/L$ と定義され，これが1を下回ると液状化すると判定されたことになります．R は地盤材料の液状化に対する強度で，本章2節(3)で述べた標準貫入試験や，室内での繰り返しせん断試験から求めるものです．L は，地震動の大きさから決まる量で，本章2節(4)で述べた設計震度から地盤に発生するせん断力 τ を求め，それと地盤の自重による鉛直方向圧力 σ_v' の比によって $L = \tau/\sigma_v''$ と定義されます．

さらに，最近ではコンピュータを用いた地震応答解析によって，液状化予測を行うことも増えてきています．

液状化が発生すると予測された場合，その対策が必要となります．基本的な液状化対策の種類としては，

(A) 液状化の発生を前提として，杭などの基礎構造設計で対処（**図 4.20**）

(B) 地盤改良を行い，液状化の発生を防止

の二つに大別できます．

特に（B）に関しては，

(1) 密度増大工法

(2) 固結工法および置換工法

(3) 地下水位低下工法（**図 4.21**）

(4) 間隙水圧消散工法

(5) せん断変形抑制工法

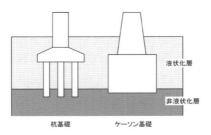

図 4.20　液状化対策としての基礎構造の概念図

表層地盤が液状化しても，杭やケーソンなどの基礎を液状化しない深い層まで届かせておけば構造物の沈下を防ぐことができます．

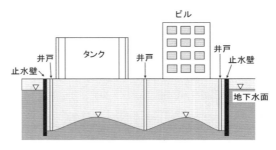

図 4.21　地下水位低下工法の概念図

地下水がなるべく流れ込まないように止水壁で囲み，その内部の地下水を常時くみ上げることで，地下水位を低く保ちます．

など，様々な方法が適用されています．それぞれは，本章 4 節(3)で述べた，液状化の発生条件のどれかをなくして，液状化の発生を抑えるもので，その効果はすでに検証されています．しかし，地盤改良はコスト面が課題であり，一般の戸建て住宅などではなかなか導入できないのが現状です．

(5) 液状化と流動に関するまとめと今後の課題

　埋め立て地などでの液状化対策としては，非液状化層まで届く杭を設置する

方法が多く行われ，1995年兵庫県南部地震でのポートアイランドなどでもその効果が実証されています．ただし，一般の戸建て住宅にとっては対策コストが高く，より安価な対策工法の開発が望まれます．

液状化後の流動に対しては，杭に生じる流動圧の算定など，まだ基礎的な検討が必要な部分が多く残されています．

また，東北地方太平洋沖地震では，河川堤防の液状化も問題となりました．これまで，堤防のような土構造物は，壊れたら修理する，という方針で造られてきましたが，東北地方太平洋沖地震のように広範囲な被害が発生すると，それを修理するのに長い年月がかかり，その間に洪水の危険性が高まります．このような問題に対する設計方針についても議論していく必要があります．

4.5 地盤災害の軽減に向けて

本章では，地震に伴って発生する，様々な地盤災害について解説しました．我々は地面の上で生活しているので，地盤の性質を知っておくことはとても重要なことです．

すでに何度か述べましたが，地盤災害の予測には，地盤の不均質性の評価が不可欠です．現在の情報化社会のもとで，このような国土基盤情報データベースの整備が急ピッチで進められています．

一方で，地盤材料は土粒子，水，空気からなる複雑な材料で，その力学的性質は未解明の部分が多く残されています．基礎物理学的な部分も含めた研究を続けていくことも重要です．

註

1) 氷期や間氷期という大きな気候変動の間に，細かな変動がある場合，相対的に寒い時期を亜氷期，温暖な時期を亜間氷期と呼ぶ．
2) 自然堤防などの背後に形成された低湿地．
3) このような設計法を修正震度法と呼びます．修正震度法では，この地盤特性についての補正係数のほか，地域別補正係数，構造物種別による補正係数，構造物の周波数特性に関する補正係数などを基本震度（0.2）に乗じて，設計震度を求めます．設計震度に構造物重量に乗じた水平力に対して構造物が安全であるように設計します．

4) 水が集まりやすい地形．
5) 日本における橋や高架の道路等に関する技術基準．

参考文献（アルファベット順）

土砂災害防止法の概要，国土交通省水管理・国土保全局砂防部ホームページ，http://www.mlit.go.jp/river/sabo/sinpoupdf/gaiyou.pdf
地盤工学会（2007）2004年新潟中越地震災害調査報告書，地盤工学会．
地盤工学会編（2012）全国77都市の地盤と災害ハンドブック，丸善．
地盤工学会編（2014）新・関東の地盤，地盤工学会．
国土交通省 KuniJiban，http://www.kunijiban.pwri.go.jp/jp/
国立研究開発法人防災科学技術研究所「地震ハザードステーション」，http://www.j-shis.bosai.go.jp/map/
日本道路協会（2012）道路橋示方書・同解説，日本道路協会．
櫻井俊彰・庄司学・高橋和慎・中村友治（2012）2011年東北地方太平洋沖地震における斜面に関わる道路構造物の被害分析，土木学会論文集A1（構造・地震工学），68(4)（地震工学論文集第31-b巻），I_1315–I_1325.
宇津徳治ほか（2001）地震の辞典（第2版），朝倉書店．
安田進（1999）液状化に伴う地盤の流動と構造物への影響，講座，土と基礎，47(5)，55.

第5章
建物被害

金久保利之・八十島章

本章では，地震により生じる建物の被害について，特に2011年東北地方太平洋沖地震による被害を中心に説明します．その後，既存建物の耐震性能を評価する方法を，鉄筋コンクリート造建物の耐震診断手法を一例に挙げて解説し，建物被害の軽減に関する枠組みを紹介します．さらに，東北地方太平洋沖地震で被災した鉄筋コンクリート造建物の被害分析例を説明します．

5.1 東北地方太平洋沖地震における茨城県内の建物被害の概況

2011年3月11日に発生した東北地方太平洋沖地震では，関東地方から東北地方にかけて，おびただしい数の建物が被害を受けました．しかしながら，その多くは東北3県（岩手県，宮城県，福島県）における津波被害であり，人的被害に関しては死因の90％以上は水死（警察庁の発表情報で2012年3月11日までに東北3県で検視された15,786人の詳細）によるものです．

地震動そのものによる建物被害を調べようとした場合，同地震における茨城県内での建物被害を見ることに意味があります．同地震では茨城県内全域において気象庁震度階級で5弱から6強が観測されており，比較的地震動強さの違いを見やすい状況であると思われます．さらに茨城県内でも津波被害は一部で見られましたが，浸水深が2mを超えるような津波被害を受けた地域はごくわずかで，茨城県内の建物の被害調査によって得られる情報は，地震動による被害情報であると考えられます．

また，茨城県内の公共建物の多くは鉄筋コンクリート造建物ですが，全国的に見ると2011年当時における鉄筋コンクリート造学校建物の耐震化率はワー

スト3位(文部科学省報道発表資料, 2011)で，詳しくは次節で説明しますが，現行の耐震基準を満たしていない1981年の建築基準法施行令改正(いわゆる新耐震)前の基準(以下，旧基準)で建てられた建物の情報が，比較的多く存在していることが考えられます．ちなみに，宮城県の公立小中学校の耐震化率は2010年4月時点で93.5％である一方，茨城県内の公立小中学校の耐震化率は2011年4月時点で64.1％となっていました．宮城県では過去の地震被害(特に，1968年十勝沖地震，1978年宮城県沖地震での被害)を教訓に，建物の耐震化に強い関心が持たれ，行政を中心に地震被害の軽減措置が積極的に行われてきました．

(1) 茨城県内の被害分布

茨城県内での建物の被害分布も県内の広範囲に及びました．茨城県の地区名および市町村名，茨城県災害対策本部による住宅被害状況(2011年5月31日時点)を**図5.1**に示します．地震動による被害はほぼ県内全域にわたっていますが，県北地区西側(大子町)および県西地区西側では，相対的に被害が少なくなっていました．津波による被害は県北地区および大洗町沿岸に見られました．地盤液状化による被害は鹿行地区および県南地区南部で特に見られ，また，局所的には河川湖沼付近，以前湿地帯であった箇所で見られたようです．

(2) 地震動による被害

県北地区西側(大子町)および県西地区西側を除く県内全域で，地震動による建物の倒壊または大破が確認されました．

木造建物では，県内のいずれの地区においても古い建物(特に，納屋や倉庫)の倒壊が見られました(**写真5.1，5.2**)．**図5.1**に示した全壊棟数には，津波および地盤変状による被害数も含んでいますが，全壊棟数の多くは，古い木造納屋や倉庫の倒壊によるものと考えられ，人的被害に結びついていません．倒壊建物では，土台の脱落，柱脚の引き抜け，柱の折損が確認されています．県央地区では，木造住宅の1階部分の倒壊が見られました(**写真5.3**)．また，倒壊には至らないものの，大きな傾斜が残る木造住宅が見られました(**写真5.4**)．

鉄筋コンクリート造建物では，県北地区および県央地区で倒壊または大破し

第 5 章　建物被害

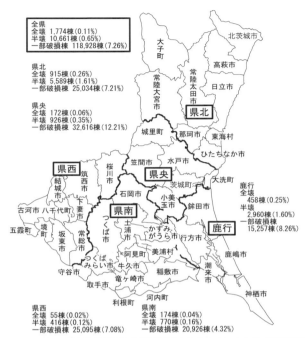

図 5.1　茨城県内の住宅被害状況

※2011年5月31日現在：茨城県災害対策本部情報班取りまとめによる住宅被害状況より作成
比率は，2010年茨城県固定資産税(固定資産の価格等の概要調書)の建築物数に対する値

写真 5.1　木造納屋の倒壊
（常陸太田市）

写真 5.2　木造住宅の倒壊
（筑西市）

写真 5.3　木造住宅の倒壊
（水戸市）

た低層建物が数棟見られました．いずれも 1981 年の新耐震設計法施行前の 1960 年代に建設された旧基準の建物であり，耐震性能は相当程度低かったと考えられます．県北地区では，4 階建てピロティ形式（1 階部分が柱のみの空

写真 5.4 大きな変形が残った木造住宅（水戸市）

写真 5.5 ピロティ形式 RC 造建物の1階部分の崩落（ひたちなか市）

写真 5.6 大破した RC 造 3 階建て建物（笠間市）

写真 5.7 せん断破壊した柱（写真 5.6 の建物）

写真 5.8 木造住宅の外壁の崩落（桜川市）

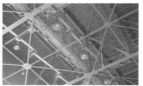

写真 5.9 極短柱のせん断破壊（常総市）

写真 5.10 袖壁付き柱のせん断破壊（写真 5.9 の建物）

写真 5.11 RC 造屋内体育館の屋根ブレースの破断（日立市）

写真 5.12 RC 造屋内体育館の屋根アンカー部の破壊（日立市）

写真 5.13 耐震改修済み RC 造建物の柱の曲げひび割れ（常陸大宮市）

写真 5.14 耐震改修済み RC 造建物の塔屋の損傷（那珂市）

間で 2 階以上が柱と壁による構造）の建物の 1 階が完全に崩落していました（**写真 5.5**）．桁行（長辺方向）2 スパン（柱間距離 8 m と 6 m 程度），梁間（短

辺方向）1スパン（8 m 程度）の6本柱の建物で，1階は独立柱のみの駐車場でした．2階より上部の損傷はほとんど見られず，ほぼ真下に落ちていました．県央地区では，1960年築の鉄筋コンクリート造3階建て建物の大破が見られました（**写真 5. 6，5. 7**）．極めて短い柱や袖壁付き柱（幅の狭い壁が付いた柱）のせん断破壊が見られました．一部，コンクリートの打設不良でセメントペーストと砂利が十分混ざっていないジャンカと呼ばれる状態が見られた部分や，コンクリート打継ぎ部での破壊が目立ちました．この建物の詳細分析は，本章3節で紹介します．

　地震動による中程度の構造的被害としては，木造建物では外壁の大規模な落下，屋根の破損，基礎のコンクリートの剥落などが見られています．特に外壁の剥離落下は，全県下で見られました（**写真 5. 8**）．

　鉄筋コンクリート造建物では，旧基準建物の被害が目立ちました．震災後に自校の校舎が使用できずに，近隣の代替施設を使用することとなった小中学校は，11校に上りました．

　県西地区の鉄筋コンクリート造3階建て建物では，北面2階と3階の柱や壁にせん断ひび割れが多数確認されました．特に，腰壁の付いた極短柱の損傷が見られました（**写真 5. 9，5. 10**）．県北，県央地区でも同様の損傷が見られました．鉄筋コンクリート造の屋内体育館（屋根は鉄骨造）では，屋根の鉄骨格子に掛けられている斜めの筋交い（屋根ブレース）の破断（**写真 5. 11**），柱頭と屋根鉄骨とのアンカー部分での破壊（**写真 5. 12**）が見られました．

　また，旧基準の耐震改修済みの鉄筋コンクリート造建物において，耐震補強構面と直交方向での柱や梁のひび割れの発生（**写真5. 13**），塔屋の中破（**写真5. 14**），壁のせん断ひび割れ発生の被害が見られました．新耐震以降の鉄筋コンクリート造建物では，1 mm 程度以内の幅のひび割れが発生したケースが多く見られました．

　鉄骨造においても，旧基準の建物では，柱の間に掛けられている斜めの筋交い（鉛直ブレース）の接合部ボルト破断（**写真 5. 15**）が見られました．また，鉛直ブレースの座屈，柱脚の固定部の破壊も報告されています．新耐震の鉄骨造屋内体育館では屋根ブレースのたわみ（**写真 5. 16**）が見られました．

　外壁や天井材などの非構造部材を含めた，地震動による小規模な被害は，全

写真5.15 S造建物の鉛直ブレースのボルト破断（つくば市）

写真5.16 S造建物の屋根ブレースのたわみ（常陸太田市）

写真5.17 木造住宅の瓦の被害（鉾田市）

写真5.18 RC造集合住宅の非構造壁の損傷（土浦市）

写真5.19 RC造集合住宅の渡り廊下の被害（土浦市）

写真5.20 天井の大規模落下（水戸市）

写真5.21 天井の大規模落下（ひたちなか市）

県下において多数見られました．木造建物での外壁の剥落，屋根瓦の落下およびズレ（**写真5.17**）は，県内至るところで見られました．図5.1に示した一部破損棟数の多くは，これらの被害によるものと思われます．また，内装の割れおよびズレ，仕上げの脱落も多く見られました．

　鉄筋コンクリート造建物では，柱の軽微なひび割れの発生，エキスパンションジョイント（建物と建物の間の通路や渡り廊下などに設けられる構造体の不連続箇所）の損傷，サッシの脱落，ガラスの破損などがあります．県南地区の鉄筋コンクリート造集合住宅では，非構造壁の損傷（**写真5.18**）や渡り廊下

写真 5.22　S造建物の外壁の落下（ひたちなか市）　　写真 5.23　S造建物の内装の損傷（つくば市）　　写真 5.24　弘道館孔子廟の外壁剥落（水戸市）（口絵参照）

の被害（**写真 5.19**）が見られました．また，吊り天井の大規模な崩落が全県下において報告されています（**写真 5.20，5.21**）．鉄骨造建物でも，鉄筋コンクリート造建物と同様な非構造部材の損傷が見られました．特に，外壁モルタルや軽量なコンクリート製の外壁材（ALCパネル）の崩落（**写真 5.22**），内装材やガラスの損傷（**写真 5.23**）が目立ちました．

地震動によるその他の被害として，鉄筋コンクリート造建物における塔状部（煙突，塔，望楼）の柱脚曲げ破壊や屋根の崩落が見られました．また，全県下において石積塀およびブロック塀の倒壊が目立ちました．

文化庁によると，茨城県内でも歴史的建造物の被害が多数報告されています．一例として，水戸市にある弘道館では，外構瓦葺き塀の瓦被害，孔子廟の外壁剥落（**写真 5.24**），学生警鐘の倒壊がありました．

(3) 津波による被害

津波による被害は，県北地区および大洗町沿岸に見られました．特に浸水深が大きかったと考えられる北茨城市および日立市では，木造住宅の全壊および半壊が多く見られました．北茨城市平潟地区（**写真 5.25**）では，入り組んだ入江の岸壁に波が反射し，遡上高が 10 m に達した箇所もあるようです．大破した木造建物を見ると，ちょうど波の通った箇所が破壊しています．大津港付近でも住宅地に津波が押し寄せ，全壊，半壊の木造住宅が多く見られました（**写真 5.26**）．大津港の鉄筋コンクリート造建物では，壁や柱にせん断ひび割れが見られましたが，地震動によるものと思われます．高萩市では沿岸部が岸

写真5.25 津波により倒壊した木造住宅（北茨城市平潟地区）　　写真5.26 津波により倒壊した木造住宅（北茨城市大津港）(口絵参照)

壁の箇所が多く，浸水住宅の数は多くありません．なお，北茨城市五浦海岸にある六角堂が津波により流失しました．ひたちなか市，鹿嶋市でも床上浸水の住宅が報告されましたが，破損数は限定されています．

(4) 液状化による被害

地盤液状化による被害は，鹿行地区および県南地区南部で特に見られました（**写真5.27**）．霞ヶ浦，北浦および利根川に囲まれた水郷地区では，もともと沼や湿地帯であったところが多いためと考えられます．また，神栖市は鹿島開発のために大規模な埋立造成が行われており，新興住宅地が開発されつつあります．潮来市，神栖市，鹿嶋市，稲敷市で周辺市町村より相対的に全壊および半壊の住宅被害棟数が多い理由は，液状化による住宅建物の傾斜によるものです．また，県西地区においても，液状化により全壊と判断された住宅がありま

写真5.27 液状化により傾いた木造建物（潮来市）（口絵参照）　　写真5.28 液状化により傾いた木造建物（下妻市）

した．河川の流域や水田の周辺地域で液状化による住宅被害が見られました（**写真 5. 28**）．

(5) 茨城県内の建物被害のまとめ

2011年東北地方太平洋沖地震では，茨城県内の広範囲にわたって建物に被害が生じました．局所的な地域特性により被害の特徴は見られますが，全般的な特徴としての茨城県内の被害状況の地域差はあまり大きくありません．建物倒壊や大破に至るような大きな被害が少ない一方で，中破，小破に分類される損傷や非構造材の被害が目立ちました．

新耐震設計法により，高い耐震性を有する建物が建設され，人命を奪うような致命的な構造的被害が見られなくなった一方で，外壁材の崩落や非構造壁のひび割れ，内装材やガラスの損傷といった非構造材の被害が多く目立ちはじめました．東日本大震災以降，地震後の建物の継続的な使用が叫ばれるようになり，非構造材の地震時の挙動や崩落防止のための設計などに関心が集まっています．

5.2　鉄筋コンクリート造建物の耐震診断

(1) 耐震診断基準と促進法

過去の地震被害の教訓は，研究成果や科学技術の進歩に伴って耐震設計法に活かされていますが，それ以前に建設された既存の建物の中には，建築基準法や条例等の改正に伴って，新築の建物に適用される耐震基準を満たしていない「既存不適格建築物」と呼ばれる建物が含まれています．このような建物については，現状での耐震性能を検討し，適切に耐震改修を行う必要があります．この耐震性能を評価する手法が「耐震診断」です．耐震診断は，建物の老朽化具合にかかわらず，将来起こりうる地震に備えておくためのもので，医学でいえば，病状の現れていない人を含めた健康診断に相当します．

1968年十勝沖地震による被害を受けて，古い建物の耐震性能を診断する技術の開発が進められ，1977年に日本特殊建築安全センター（日本建築防災協会）から「既存鉄筋コンクリート造建築物の耐震診断基準・改修設計指針」（以下，

耐震診断基準）が刊行されました．その後，静岡県などを中心にして利用されつつ，最新の研究成果を取り入れて1990年と2001年に改訂され，現行の基準（日本建築防災協会，2001）に至っています．

　1995年の兵庫県南部地震以降，既存不適格建築物の耐震性能の見直しに対する社会的関心が高まり，地震による建築物の倒壊などの被害から国民の生命や財産などを保護することを目的として，既存不適格建築物の耐震性能向上を図るための「建築物の耐震改修の促進に関する法律（耐震改修促進法）」が1995年12月に施行されました．その後，地震に対する建物の耐震化を促進させるために，2006年に耐震改修促進法が改正され，耐震改修の目標として多数の人が利用する学校や病院などの特定建築物の耐震化率を2015年までに90％以上に引き上げることや，都道府県に対する耐震改修促進計画の作成の義務化などが追加されました．さらに，建物の安全性向上を円滑に促進するために，2013年に耐震改修促進法が改正され，地震に対する安全性が明らかでない大規模な建築物（特に，病院・店舗・旅館等の不特定多数の人が利用する建物，学校・老人ホーム等の避難に配慮を必要とする人が利用する建物）の耐震診断の実施の義務付けや耐震改修計画の認定基準の緩和などが盛り込まれました．全国的規模で耐震診断および改修の動向が加速してきており，今後起こりうる巨大地震に備えるために耐震安全性の高い街づくりが進められています．

(2) 耐震診断の考え方

　耐震診断は，すでに建設された建物（既存建築物）の構造部分と非構造部分の各々について，計算により保有する耐震性能を評価し，耐震補強や改修の要否を判定するための手法です．鉄筋コンクリート構造，鉄骨鉄筋コンクリート構造，鉄骨構造，木質構造など，建物には様々な構造種別があり，それらの構造特性は異なるため，耐震診断にはそれぞれ別の計算方法が用意されています．ここでは，鉄筋コンクリート造建物の構造部分における耐震性能評価法の考え方と診断手法について説明します．

　鉄筋コンクリート造建物を対象とした耐震診断基準では，原則として5〜6階建て以下の中低層建築物を対象としており，その計算精度に応じて，第1次から第3次までの三つの診断レベルが用意されています．いずれの診断レベル

もその基本的な考え方は同じですが，計算の難易度に差があり，診断次数が上がるほど計算が複雑になります．それぞれの診断次数の特徴は以下のようになります．

・第1次診断：主として壁式構造（柱や梁がなく壁だけの構造）あるいは比較的耐震壁が多く配された建物の耐震性能を簡略的に評価することを目的とした診断法です．性能評価の基本となる柱，壁の強度は，コンクリート強度と部材の断面積から略算的に求めるため，計算は他の診断レベルに比較して，最も簡単になります．

・第2次診断：梁よりも柱，壁などの鉛直部材の破壊が先行する建物（柱崩壊型建物）の耐震性能を簡略的に評価することを目的とした診断法です．梁と床は剛強と考えて計算では考慮しませんが，柱と壁の強度には鉄筋の影響も考慮し，部材の強度および形状寸法から建物の粘り（変形性能）を評価することにより，第1次診断よりも計算精度の改善が図られています．この診断レベルで想定している柱崩壊型建物の構造特性は，既存不適格建築物では最も一般的と考えられるため，最も適用されている診断法になります．

・第3次診断：梁の破壊が柱や壁の破壊より先行することで耐震性能が決定される建物や，耐震壁の浮き上がりが支配的な建物の耐震性能を簡略的に評価することを目的とした診断法です．第2次診断までは鉛直部材の強度と変形性能から各階の耐震性能を評価しますが，第3次診断では平面骨組ごとに算出した部材特性に基づき各階の耐震性能を算出するため，柱，壁だけでなく梁の強度を考慮する必要があり，計算量は最も多くなります．診断結果は部材のモデル化の良否に敏感であるため，高度な知識と慎重な判断が求められます．

耐震診断の結果は，いずれの診断レベルでも構造部分の耐震性能を建物の各主要方向（長辺方向・短辺方向）それぞれについて各階ごとに，構造耐震指標 I_s（I_s 指標）で表すことになります．構造耐震指標 I_s の値は，下記の三つの指標（値）の積で表現されます．

$$\text{構造耐震指標 } I_s = (\text{保有性能基本指標 } E_0) \times (\text{形状指標 } S_D) \times (\text{経年指標 } T)$$

構造耐震指標 I_s を定めるそれぞれの指標の意味について簡単に説明します．

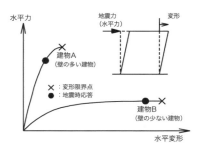

図 5.2　建物の水平力と水平変形の関係

　保有性能基本指標 E_0 は，構造耐震指標 I_s を算出する上で最も重要な指標であり，建物の保有する耐力を建物の重量で割った強さの尺度を表す値（強度指標 C）と，建物の変形性能を示し，粘りの尺度を表す値（靭性指標 F）の積で算出されます．一般的には，強さの尺度 C は 0.3～0.5 程度となり，粘りの尺度 F は破壊形式に応じて 0.8（粘りがない）～3.2（最も粘りがある）になります．

　保有性能基本指標 E_0 ＝（強さの尺度 C）×（粘りの尺度 F）

　図 5.2 は，鉄筋コンクリート造建物に水平方向の力（地震による力）が作用した場合の力と変形の関係を模式的に示したものです．建物が地震力を受けたときの力と変形の関係は，柱・梁・壁などの構造要素の構成によって異なります．例えば，図中の建物 A は壁の多い建物で，強度とかたさは高いですが変形性能はあまりありません．建物 B は壁が少なく柱・梁で構成される建物で，強度とかたさはあまり高くありませんが変形性能が優れています．図中の×印は各建物の変形限界点で，これ以上変形が進むと崩壊してしまう点を表しています．このように性質の異なった建物に地震が作用し，どちらの建物もちょうど変形限界点の手前の●印で応答がおさまったとすると，建物 A は十分な強度を持っていたために地震に耐えたといえ，建物 B は粘り強かったため（変形性能が高かったため）に地震に耐えたといえます．したがって，建物の耐震性能を評価するときには，強度のみだけでなく，粘り（変形性能）も併せて考えることが重要になります．

形状指標 S_D は，建物の平面・立面形状の不整形性や複雑性，かたさの不均一性などが耐震性能に不利に作用する影響を工学的判断に基づいて定量化した低減係数であり，保有性能基本指標 E_0 を修正するための指標です．地下室がなく，整形で構造計画に問題がない建物では 1.0 を標準として，不整形の度合いに応じて数値を低減させることとしています．なお，入力地震動の大きさを小さくできるくらいの地下室がある場合には 1.2 となります．

経年指標 T は，ひび割れ，変形，老朽化など，建物の経年による劣化の程度に応じて保有性能基本指標 E_0 を修正するための指標です．現地調査に基づいて設定され，1.0 を標準として，ひび割れの状況，基礎や建物の傾斜や沈下などによる構造損傷の発生程度などにより低減させることとしています．

(3) 耐震診断の手順

耐震診断を行う手順は，まず対象建物の概要把握，設計図書の確認，改修履歴の調査，敷地地盤・外観の調査，ひび割れ調査，コンクリートの変質・老朽化調査，コンクリート強度調査を行い，耐震診断の計算に必要な情報を収集し，形状指標 S_D や経年指標 T などを決めます．次に，地震時における建物の挙動を最も適切に推定できると考えられる診断レベルを選定し，耐震診断基準に基づいた構造計算を行って保有性能基本指標 E_0 を算出し，建物の各主要方向それぞれについて各階ごとに構造耐震指標 I_s を求めます．

例として，2種類以上の鉛直部材（柱，壁）が混在する1階建て鉄筋コンク

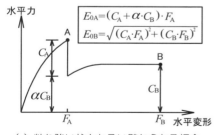
(a) 粘り強い柱ともろい壁からなる場合

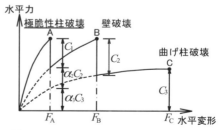
(b) 極めてもろい柱（極脆性柱）のある場合

図 5.3　第2次診断における保有性能基本指標 E_0 の求め方

リート造建物の第2次診断による保有性能基本指標 E_0 の算出について概説します．第2次診断では，建物の鉛直部材を最も粘って壊れる柱・壁から最ももろく壊れる柱まで，破壊形式に応じて5種類に分類し，各部材ごとに強さの指標 C と粘りの指標 F を求め，それらの関係に基づいて保有性能基本指標 E_0 を算出します．**図5.3**(a)は，第2次診断における建物の水平力と水平変位の関係の概略図を示しています．A点で，粘りの乏しい部材が破壊し，さらに変形が進んだB点で建物が破壊すると仮定しています．建物に要求される耐震性能をどのように考えるかで，保有性能基本指標 E_0 の求め方は次の2種類に分けられ，いずれか大きい方が用いられます．

A点における粘りの乏しい部材の破壊が建物にとって致命的であるならば，A点を基準として保有性能基本指標 E_{0A} を求めます．この式での $(C_A + \alpha \cdot C_B)$ はA点での強度を表し，F_A は粘りの乏しい部材の変形性能の指標を表しています．また，建物によっては，粘りの乏しい部材が多少破壊しても建物全体としては健全である場合や，巨大地震を対象とするときにはわずかな鉛直部材の破壊は許容できる場合もあります．このような場合には，B点を基準として保有性能基本指標 E_{0B} を求めます．最終的な保有性能基本指標 E_0 は，これらによる値（E_{0A} と E_{0B}）のいずれか大きい方とします．ただし，**図5.3**(b)のように，極めて短い柱がもろく破壊した場合，支持していた鉛直方向の力を代わりに支えられる部材が周囲になく，この破壊によって建物が崩壊に至る可能性が高いときには，その柱の破壊する変形において保有性能基本指標 E_0 を算出します．

(4) 耐震性能の判定

建物の耐震性の判定は，構造部分と非構造部分のそれぞれについて行い，総合的な診断により判断します．耐震診断基準では，保有すべき耐震性能・地震の発生確率・地盤条件・建物用途から求められる指標（構造耐震判定指標 I_{s0}）以上の耐震性能を持っている建物は，通常想定される地震動に対して倒壊などの危険性は低いと判定されます．ただし，耐震判定では，柱および壁の粘り強さに応じた変形の適合条件を考慮した累積的な強さの指標 C_{TU} と形状指標 S_D の積が，現行の耐震規定を満たすことを条件としています．

耐震診断では，下式を満足する場合は「安全」とし，それでなければ耐震性に「疑問あり」と判定されます．

判　定　式：構造耐震指標 I_s ≧ 構造耐震判定指標 $I_{s0} = E_s \cdot Z \cdot G \cdot U$
必要条件：$C_{TU} \cdot S_D \geq 0.3 \cdot Z \cdot G \cdot U$

ここで，耐震判定基本指標 E_s は，建物に必要とされる基本的な耐震性能を表す指標で，地震動レベル，地盤の卓越周期，建物階数などにより決定されています．地震被害を受けていない既存鉄筋コンクリート造建物の構造耐震指標 I_s の頻度分布と，1968年十勝沖地震および1978年宮城県沖地震で中破以上の被害を受けた建物の構造耐震指標 I_s の頻度分布の比較検討から，構造耐震指標 I_s が0.6以上の建物では中破以上の被害は生じていないことと，構造耐震指標 I_s が低くなるに従って被害を受ける可能性が高くなることを考慮して，耐震判定基本指標 E_s の基準値として第1次診断では0.8，第2次診断および第3次診断では0.6が設定されています．

地域指標 Z は，該当地域の地震活動度や想定する地震動の強さによる補正係数で，一般的には建築基準法・同施行令の地域係数 Z（0.7～1.0）が用いられます．

地盤指標 G は，表層地盤の増幅特性，地形効果，地盤と建物の相互作用などによる補正係数で，一般的には1.0～1.2が用いられます．用途指標 U は，建物の用途などによる補正係数で，近年では1.0～1.5が用いられます．

(5) 耐震補強の考え方

耐震診断において耐震性に「疑問あり」と判定された場合，耐震改修により不足している耐震性能を付与し，その建物に必要とされる耐震性能を確保しなければなりません．建物の耐震性能を支配する最も主要な要因は水平耐力と変形性能であるため，これらを補うことが耐震補強の基本的な考え方であり，① 建物の水平耐力を増加させる，② 建物の変形性能を向上させる，③ 上記①と②を混合させる，の三つに大別することができます．

図 5.4 は，耐震補強の基本的概念を模式的に示したものです．図中の右下がりの曲線は建物の強度と粘り（変形性能）の組合せにより決定させる目標性能

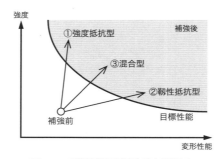

図 5.4 耐震補強の基本的な考え方

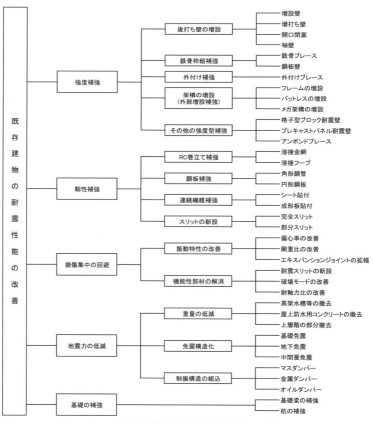

図 5.5 耐震性能を向上させる方法の分類

で，粘りのない建物には高い強度が必要となり，強度が低い建物には高い変形性能が必要となることを表したものです．現状の建物性能が目標性能を示す曲線よりも左下側に位置している場合には目標性能を満足していないことになるため，何らかの対策，つまり耐震補強が必要となります．なお，この曲線の位置は想定する地震動レベルで変動し，巨大地震に対してはより高い性能が要求されるため，曲線は上方に移動することになります．

①による方法は，建物の強度を高めることで，地震時の応答変形を耐震補強後の建物の変形限界点以内におさめる工法です．代表的な例としては，鉄筋コンクリート造耐震壁の増設，鉄骨ブレースの増設が挙げられます．②による方法は，柱が粘りのある破壊に変わるように補強したり，柱の軸方向力を低減させたりして，建物の変形性能を地震時の応答変形以上に改善する工法です．代表的な例としては，鋼板巻き付け後のコンクリート充填，炭素繊維などの連続繊維補強材の巻き付けなどが挙げられます．③はこれらの工法を組み合わせたもので，より高い強度と変形性能を確保できるように改善する方法です．その他として，既存建物の塔屋（ペントハウス）の撤去による建物重量の軽減，免震装置の導入により地震入力を低減させる方法，制震装置を利用して地震入力エネルギーを吸収させ，地震応答を積極的に制御する方法なども用いられています．建物の耐震性能を向上させる方法の分類を，**図 5.5** に示します．

5.3　東北地方太平洋沖地震で被災した鉄筋コンクリート造建物の分析例

(1) 建物概要と地震被害

被災した分析対象の建物は茨城県笠間市内にある事務所ビルです（**図 5.6**）．この事務所ビルは，住宅地に囲まれたやや高台にあり，1965 年に建設された鉄筋コンクリート造建物です．1 階には吹き抜けの中庭があり，3 階には階高の高い議場があります．1 階は長辺方向 11 スパン，短辺方向 5 スパンで，2 階および 3 階の短辺方向は 2 スパンとなっています（**図 5.7**）．

1 階の構造部材において，大きな地震損傷を受けて斜めひび割れの発生によりもろく破壊した柱や壁が多数見られました．特に，1 階では南側 F 通りより

建物用途	事務所
階数	地上3階，地下1階
構造形式	耐震壁付きの骨組構造
基礎構造	杭基礎
スパン数	長辺方向11，短辺方向5
延床面積	2,971 m²
竣工年	1965年（昭和40年）

図5.6　分析対象建物の外観と概要

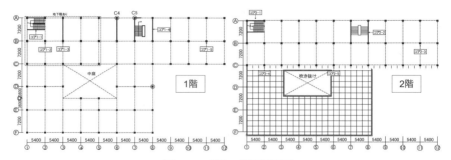

図5.7　1階と2階の平面図

図5.8　主な構造部材の損傷状況と施工不良

も北側A通りの被害が大きく，柱の斜めひび割れによる破壊（せん断破壊）や軸方向につぶされる破壊（軸方向破壊）が観察され（**図5.8**），コンクリートの剥落や鉄筋の変形も見られました．1階東側の突出部の柱は，ほぼすべて

が腰壁および垂れ壁の影響により斜めひび割れで破壊し，建物内部の柱は細いひび割れ程度で外側の柱に比べて軽微な損傷でした．1階の壁では，斜めひび割れで破壊した開口を持つ耐震壁や，大きなひび割れが入った壁が多数観察されました．2階は，短い柱2本で斜めひび割れの破壊が観察されましたが，それ以外はほとんど損傷がなく，1階に比べて小さい被害でした．3階では議場周りにおいて柱6本と壁4枚の損傷が見られました．1階長辺方向の構造被害が大きい要因としては，短柱が多く存在し，ほとんどの柱で斜めひび割れによるもろい破壊を生じていたためでした．現地調査結果に基づき被災度区分判定基準の略算法により求めた耐震性能残存率は1階長辺方向で57.4%，3階短辺方向で51.4%となり，被災度区分は大破になりました．耐震性能残存率は，被災前に対する被災後の耐震性能の割合を表した数値であり，被災度区分は耐震性能残存率の値に基づき建物の被害を無被害，軽微，小破，中破，大破，倒壊の6段階に分類した指標です．

(2) 耐震診断による分析

対象建物の耐震診断を行い，被災前の耐震性能を検討するとともに，耐震診断結果と被害調査結果を比較することで，被災要因や崩壊メカニズムについて考察しました．柱・壁の形状寸法および配筋は設計図書に基づいて決定し，コンクリート強度は，採取した直径100 mmの円柱コンクリートによる圧縮試験と現地調査の結果に基づき，施工不良（ジャンカ）による強度低減を考慮して

表 5.1　耐震診断結果

方向	階	終局時靭性指標 F_u	靭性指標 F	強度指標 C	保有性能基本指標 E_0	形状指標 S_D	経年指標 T	構造耐震指標 I_s	保有水平耐力指標 $C_{TU} \cdot S_D$
X	1	0.80	0.80	0.29	0.23	0.93	1.00	0.21	0.27
	2	0.80	0.80	0.40	0.25	0.74	1.00	0.19	0.23
	3	1.00	1.00	1.69	1.13	0.93	1.00	1.04	1.04
Y	1	0.80	0.80	0.36	0.29	0.93	1.00	0.27	0.33
	2	1.00	1.00	0.55	0.44	0.74	1.00	0.33	0.33
	3	1.00	1.00	1.68	1.12	0.93	1.00	1.03	1.04

決めました．また，形状指標S_Dは地下室の面積の割合で決定し，経年指標Tは，被災前の経年変化が不明のため，減点させないこととしました．

耐震診断結果（**表5.1**）では，1階および2階の長辺方向で構造耐震指標I_sが低くなり，3階では耐震壁の効果により両方向ともにI_sが大きくなりました．また，1階長辺方向のI_s値は0.3程度であり，構造耐震判定指標$I_{s0}=0.6$の半分程度と極めて低く，実被害の被災度区分とほぼ対応していました．また，施工不良によるコンクリートの材料劣化の影響として耐震診断時のコンクリート採用強度を低減させることで，部材の破壊形式を耐震診断結果と実被害状況で適合させられることがわかりました．

(3) 地震応答解析による分析

対象建物が崩壊に至るまでの挙動を把握するため，被害の大きかった長辺方向（東西方向）の荷重増分解析と地震応答解析を行い，構造部材の破壊損傷要因や建物の崩壊過程を検討しました．

荷重増分解析は，構造部材をいくつかのばねで表現し，建物に作用する地震力を静的な増分量として崩壊に至るまで漸増させて数値計算を行うことで，各階の水平力と水平変形の関係を求めることができます．増分解析における梁は，部材両端の曲げを負担するばねと中央部のせん断を負担するばねで表し，柱は**図5.9**のように部材両端の曲げばねと中央部のせん断ばねと軸ばねで表現しました．軸ばねは直線（弾性）とし，曲げばねとせん断ばねはひび割れ点と破壊点を考慮するために変形の増大に伴い傾きが小さくなる3本の直線で設定しました．なお，柱と梁が接合する部分は全く変形しない領域とし，床は変形

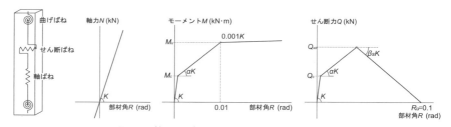

図5.9 柱のモデル化と各ばねの力と変形の関係

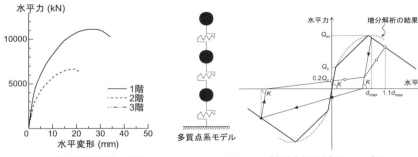

図 5.10 荷重増分解析の結果　　図 5.11 地震応答解析用のモデル

しない床と仮定しています．

　荷重増分解析により得られた建物各階の水平力と水平変形の関係を**図 5.10**に示しています．1 階の A 通りと F 通りの多数の柱が斜めひび割れによる破壊で耐力低下を起こすことで，層全体の水平力が急激に低下し，建物が崩壊に至ることが確認されました．この柱の破壊と崩壊メカニズムの形成は実被害状況とほぼ対応していると考えられます．

　地震応答解析は，建物の質量が床位置に集中しているものとして，各質量を水平変形のみに抵抗するばねで結合させた多質点によるモデル（**図 5.11**）を設定し，建物付近で観測された 2011 年東北地方太平洋沖地震の地震動データを入力して時刻歴応答解析を行いました．各階のばねの水平力と水平変形の関係は，外形の曲線（骨格曲線）には荷重増分解析の結果を利用し，内側の曲線（履歴曲線）には過去の実験結果を参照して履歴モデルを設定しました．入力する加速度データ（**図 5.12**）は，対象建物から南方向に 150 m 程度離れた地点で観測された地震動波形で，最大加速度は南北方向 967 Gal，東西方向 596 Gal となっています．加速度応答スペクトルは，0.3〜0.4 秒および 0.6〜0.7 秒の周期が卓越しており，応答加速度は 3,000 Gal および 2,000 Gal 程度になっています．なお，加速度の単位 Gal は cm/s^2 のことで，1 Gal は $0.01 \, m/s^2$ です．

　解析結果として**図 5.13** に，対象建物 1 階の応答変位と応答加速度の時刻歴，1 階の水平力と水平変形の関係を示しています．地震動計測から 100 秒までは応答変位 10 mm 程度，応答加速度 300 Gal ほどに収まっていましたが，その

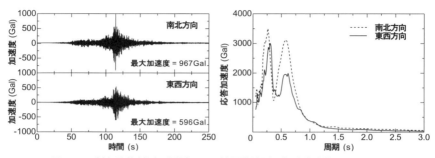

図 5.12 対象建物付近で観測された地震動波形と加速度応答スペクトル

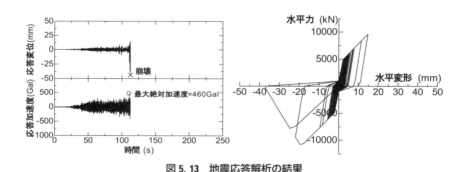

図 5.13 地震応答解析の結果

直後の110秒時点では応答変位20 mmで最大水平力10,800 kN（建物重量の0.38倍）に達し，応答加速度が460 Galに達しました．さらに，その3秒後には応答変位が40 mm以上になり，急激に水平方向に対する抵抗力を失って1階の層崩壊に至りました．

参考文献（アルファベット順）

文部科学省報道発表資料（2011）公立学校施設の耐震改修状況調査の結果について．
日本建築防災協会（2001）2001年改訂版　既存鉄筋コンクリート造建築物の耐震診断基準・改修設計指針・同解説．

第6章
地震による建物の崩壊挙動を再現する

磯部大吾郎

　本章では，地震時に建物が倒壊する現象をコンピュータ上で再現するシミュレーション技術について解説します．また，新しく開発されたシミュレーション技術を使った3棟建物モデルの棟間衝突解析などの事例を紹介します．

6.1 数値シミュレーションの技術

　1985年に発生したメキシコ地震では，震源地から400 kmも離れたメキシコシティにおいて，長周期地震動により多くの建物が倒壊しました（**写真6.1**）．また，1995年に発生した兵庫県南部地震でも，直下型地震により多くの建物が倒壊しました（**写真6.2**）．このように，本来は人命や財産を守るべき建物が地震により倒壊してしまうことは忌々しき事態です．我々はこの現象を詳細に解明し，壊れない建物の設計に活かしていく必要があります．

写真6.1　地震による建物の崩壊事例1
（1985年メキシコ地震，U.S. Geological Survey）

写真6.2　地震による建物の崩壊事例2
（1995年兵庫県南部地震，時事通信社）

今日までに，建物の崩壊現象を数値シミュレーションで再現するための技術がいくつか開発されています．中でも，個別要素法（DEM）（Cundall, 1971）や不連続変形法（DDA）（Shi et al., 1984）はその適用範囲が多岐にわたっており，建物の地震崩壊解析（Tosaka et al., 1988）や岩盤崩落解析（Ma et al., 1995）などで多くの成果が出ています．DEM や DDA は物体を剛体（全く変形しない物体）としてモデル化し，その間をばねやダッシュポット（ダンパー，または減衰機構）で連結することで不連続な変形を模擬する手法で，物体が破断したり壊れたりする挙動を再現することを得意とします．ところが，パラメータ（物体が持つ特性を表す数値など）の設定が個々の問題やモデル（解析を実施する対象）に依存するという不連続体力学（一つの物体が独立に変形する複数の物体によって構成されるという考え方に基づいた力学の一分野）特有の性質を持つため，3次元建物モデルでの弾性（変形した後，外から加わる力が減っても元の状態に戻るときの物体の状態）から塑性（変形した後，外から加わる力が減っても元の状態に戻らないときの物体の状態．材料の破壊が進行している），破断状態（物体が材料的に完全に破壊され，引きちぎれる状態）までにわたる連続的な解析がとても困難であるという現状があります．そこで筆者らは，連続体力学（物体を巨視的にとらえ，空間的に微分可能な連続体に理想化し，物体内部の各点における力学的な関係式をもとにその変形を論じる力学の一分野）の性質を持ち，部材レベルの弾性状態から塑性，破断状態まで連続的に解析可能で，計算コスト（コンピュータのメモリ使用量および計算時間のこと）が低く，一般のパソコン上でも建物の崩壊現象が再現可能な有限要素解析手法を開発しました．

　本章では，筆者らが開発した ASI-Gauss 法（磯部・チョウ，2004）に基づく地震崩壊解析システムを例に，地震による建物の崩壊挙動を再現するために必要な項目について簡単に説明します．次に，この解析システムを用い，高さの異なる二つの建物が並んだ簡易モデルに対して実施した地震応答解析（地震が来たときに，建物がどう揺れるかコンピュータ上でシミュレーションすること）を例に，固有周期の相違によって建物と建物が衝突することの可能性について考えます．さらに，メキシコ地震により崩壊した建物の棟間衝突現象を再現した結果について説明します．

6.2 建物の崩壊挙動を再現するための数値解析手法

前述のように，建物の崩壊挙動を再現する手法には DEM や DDA などがありますが，ここでは，連続体力学に基づく有限要素法（解析対象を細かな要素の集合体に近似し，コンピュータ上でシミュレーションする解析手法．1950年代からコンピュータの発達とともに台頭し，現在では工学の広い分野でシミュレーション手法として使用されている）の一種で，部材（建物の柱や梁のこと）1本1本までの変形挙動を追うことが可能な ASI-Gauss 法（磯部・チョウ，2004）について簡単に説明します．

ASI-Gauss 法を導入した有限要素法では，建物を梁要素と呼ばれる有限要素で分割してモデル化します．各々の梁要素は，剛性や曲げ変形などを評価するための数値積分点（領域にわたってずっと積分すると計算は大変．一方，積分する前の関数値を代表的な点で求めて加算すると積分値が求まることを数学者の Gauss が発見した．この代表点のこと）を持っています．**図 6.1** に示すように，例えば線形チモシェンコ梁要素（Timoshenko が開発した有限要素．変位関数として低次の線形関数を用いるが，せん断変形を表現することが可能）と呼ばれる梁要素は，一つの数値積分点を持っています．従来の有限要素法ではこの数値積分点を要素中央に固定したまま使用しますが，都井はこの点を移

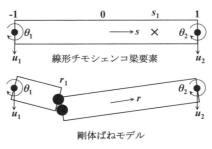

図 6.1　線形チモシェンコ梁要素と物理的に等価な剛体ばねモデル

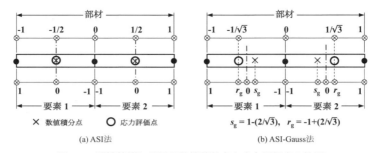

図 6.2 弾性状態における数値積分点と応力評価点の位置

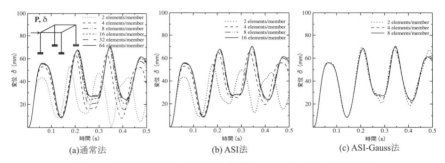

図 6.3 単純骨組構造の弾塑性応答解析による各手法の精度比較

動(シフティング)すると梁要素が面白い性質を示すことを発見しました(都井, 1990).

つまり,例えば数値積分点を要素の右端に移動すると,左端に回転関節(ピンのように自由に回転する関節のこと)が配置された剛体ばねモデル(**図 6.1** 下のモデル)と同様の性質を示すということがわかりました.この性質は数学的にも証明され,部材性状(先に挙げた,弾性・塑性・破断などの部材の状態)に合わせて数値積分点の位置を適切に操作し,部材の弾性・塑性状態を精度良く表現できる順応型 Shifted Integration 法(ASI 法)が開発されました(都井・磯部,1992).ASI-Gauss 法は,この ASI 法をさらに発展させ,部材が弾性状態にある際に数値積分点が配置される位置を工夫し(**図 6.2**),精度をさらに

高めたものです．その精度の違いは一目瞭然です．単純な骨組構造に動的な水平荷重を加える解析を行った際の，載荷点での応答変位を図 6.3 に示します．左から通常の有限要素法，ASI 法，ASI-Gauss 法による結果を並べていますが，ASI-Gauss 法では少ない要素分割数で精度の高い解が得られていることが理解できるでしょう．線形チモシェンコ梁要素による分割数として最小の，1 部材 2 要素でほぼ収束解（通常は要素数を増やすとある解に近付いていく．つまり，精度がだんだん上がっていく．このときの解）を得ることができています．1 本の部材を少ない要素分割数で高精度に表現できるこの性質は，コンピュータの使用メモリを減らす上でとても有用な特長となっています．

任意の位置に回転関節を表現できる ASI-Gauss 法は，建物の崩壊現象を再現する上で不可欠な，部材の破断現象を再現する上でも優位性を持ちます．前述のように，梁要素内の中央点に対し，回転関節とは反対側に数値積分点を配置すれば，あたかも回転関節の位置に塑性ヒンジ（先に挙げた，塑性状態に達している関節）があるような挙動を再現できます．さらにその点の部材断面に発生している断面力（断面に発生している軸力，曲げモーメント，せん断力など）を解放すれば，図 6.4 に示すように破断面を表現できます．部材の破断は，部材を構成する各要素の曲率，引張軸歪みおよびせん断歪みにより判定します．判定に使用する破断臨界値（部材が破断する際の各歪み値のこと）には，部材の引張試験やせん断試験などから得られた情報を用います．

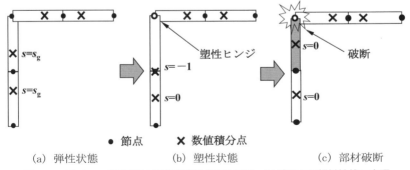

図 6.4　ASI-Gauss 法における数値積分点のシフティングによる部材性状の表現

次に，建物が衝突・崩壊したときに部材が重なり合うような現象を再現するための，部材接触・接触解除アルゴリズム（部材がくっつく，または離れる挙動を再現するためのコンピュータプログラム上の計算手順）が必要となります．図 6.5 に示すように，接触判定には内分ベクトル型接触アルゴリズム（磯部・レティタイタン，2011）と呼ばれるものを用い，接近する 2 本の要素の節点間距離および節点の幾何学的位置関係により判定を行います．具体的には，2 本の要素が図中の点 M に十分に接近した際に，接近している要素の節点と点 M がなす二つの角度がともに鋭角（90 度未満の角度）であれば接触すると判定し，どちらか一つの角度が鈍角（90 度より大きい角度）であれば接触しないと判定します．接触と判定された要素同士については，節点間に計四つのギャップ要素（接合要素）を新たに結合します．この結合により，部材同士が衝突する際の運動エネルギーの伝達を可能とします．

さらに接触解除判定には，接触開始から現時刻までの，ギャップ要素によって拘束されている四つの節点の相当変位量（3 軸方向への変位量の二乗和を平方した値）を用います．すなわち，二つの要素が接触すると，それらを構成する四つの節点（図 6.5 の A_1, A_2, B_1, B_2）の変位が増加します．その後，一般的に二つの要素は跳ね返ろうとするため，四つの節点の変位は減少します．

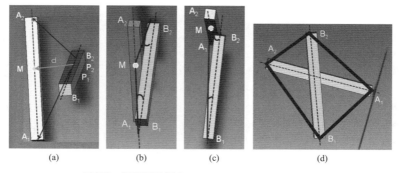

(a) 要素間の最短距離を探索
(b) $\angle MB_1B_2$ と $\angle MB_2B_1$ の両方が鋭角なら接触すると判定
(c) 一方でも鈍角なら接触しないと判定
(d) 接触判定された2つの要素を4つのギャップ要素で結合

図 6.5　接触アルゴリズムの概要

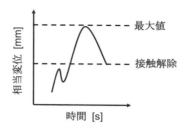

図 6.6 接触解除のタイミング

その変位が適度に減少した時点でギャップ要素を削除し，接触解除を表現するわけです．図 6.6 に接触解除のタイミングについての概念図を示しますが，この図は変位が最大値の半分ほどまで減少した際に接触解除を判定することを示しています．

さて，ここまで ASI-Gauss 法をもとに開発された有限要素解析コードについて概略を示しました．この解析コードは，精度は落とさずに部材の挙動を最小限の要素数で表現するため，メモリ消費量を少なく抑えることができ，一般のパソコン上で大規模な建物の崩壊挙動を再現することが可能です．

6.3 簡易モデルによる隣棟間衝突解析

建物はそれぞれ揺れやすい周期を持っており，それを固有周期と呼んでいます．一般に，建物は高さが異なると固有周期が異なることが知られています．図 6.7 に示すような高さが異なる 2 種類の建物が近接していると，同じ地震に対してそれぞれが異なる揺れ方をするため，場合によっては衝突を起こす可能性が出てきます．そこで，前節で解説した解析コードを用い，このモデルに対して地震応答解析を実施し，棟間衝突の可能性を検証しました．まず二つの 12 層モデルを 30 cm 間隔で隣接させて解析を実施しました．これは，建物の固有周期が同一である場合を想定しています．次に，7 層モデルと 12 層モデルを同じく 30 cm 間隔で隣接させ，解析を実施しました．これは，隣接する建物の固有周期が異なる場合を想定しています．

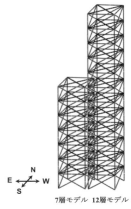

図 6.7　簡易モデル

(1) 簡易モデルの構成

簡易モデルの 1 層当たりの階高は 3.46 m，スパン幅 6.3 m，奥行き 12.4 m です．部材の断面形状を**表 6.1** に，部材の物性値を**表 6.2** に示します．壁ブレースの部材は，正方形断面と仮定した鋼材の断面積を，コンクリート壁の重量と適合させて設定しています．また，床荷重（床にかかる荷重．建物自体の重量

表 6.1　簡易モデルの部材断面形状

	柱			梁	床スラブ
	1〜5 階	6〜10 階	11〜12 階		
部材断面	□330×330×10	□280×280×9	□230×230×7	H292×730.0×16.2×11.6	□230×230×7

表 6.2　部材の物性値

	柱	梁	床スラブ	壁ブレース
降伏応力 [MPa]	3.25×10^2	3.25×10^2	3.25×10^2	2.35×10^2
弾性係数 [GPa]	2.06×10^5	2.06×10^5	2.06×10^5	2.06×10^5
密度 [kg/mm^3]	7.90×10^{-6}	7.90×10^{-6}	7.90×10^{-6}	7.90×10^{-6}
ポアソン比	0.30	0.30	0.30	0.30

と積載荷重を含む）は 450 kg/m² と設定しています．

(2) 解析条件

入力地震波には，1985 年にメキシコシティで観測された SCT（メキシコシティのある観測点の略称）波に対し，地震波の震央から Nuevo Leon 棟（メキシコシティのトラテロルコ団地に建つ 3 連棟建物の名称）への到来方向を考慮した波形（NS（北南方向）最大 122.1 Gal，EW（東西方向）最大 147.4 Gal，UD（上下方向）最大 35.8 Gal）を使用しました．入力地震波の 3 軸方向それぞれの加速度時刻歴を**図 6.8** に示します．これらの波形を解析モデルの全支持点に対し同時に入力しました．接触判定に用いる部材幅は，梁・床・壁を

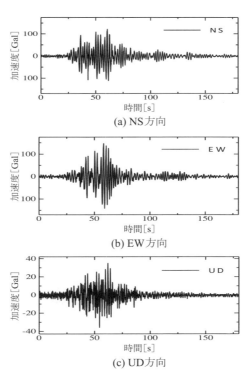

図 6.8 入力地震波（SCT 波，到来方向を考慮）

30 cm，柱を 40 cm としています．接触解除条件は，接触解除判定比を 50％，接触解除後すぐに接触してしまうことを回避するための接触回避時間を 300 ms としました．また，解析における CG 法（共役勾配法，連立方程式の解法）の収束ノルム（解析が次のステップに進む際に，誤差の大きさがどの程度まで収束しているかを示す値）は 1.0×10^{-6}，時間増分は 1 ms（ミリ秒，1 秒の 1/1,000），総解析ステップ数（この種の問題は，外力を増分的に与えながら少しずつ計算を進める．その際に必要な計算の回数）は 183,501 step です．要素が破断する臨界歪みを曲率 κ_0：3.333×10^{-4}，引張り軸歪み ε_{z0}：0.17，せん断歪み γ_0：2.600×10^{-3} としています．

(3) 解析結果

隣接する 2 棟とも 12 層モデルの場合，すなわち固有周期が同一の場合，棟間距離が 30 cm とかなり近接していても，衝突は起こらず崩壊には至りませんでした．しかし，一方を 7 層モデルとした場合，すなわち固有周期が異なるモデルを隣接させた場合，異なった揺れ方をしたために図 6.9 に示すように棟間衝突が生じ，2 棟とも崩壊に至りました．この結果からわかるように，隣接する建物の固有周期が異なる場合，棟間距離を十分に取らないと棟間衝突が起こる可能性があり，場合によっては崩壊現象が引き起こされてしまうかもしれ

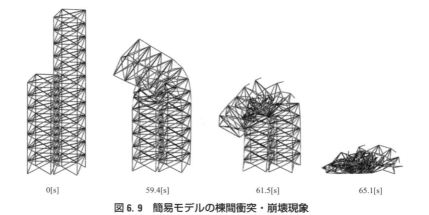

0[s]　　　59.4[s]　　　61.5[s]　　　65.1[s]

図 6.9　簡易モデルの棟間衝突・崩壊現象

ません.

6.4 3連棟モデルによる棟間衝突解析

1985年メキシコ地震では，震源地から400 kmも離れたメキシコシティ（**図6.10**）において，特定の固有周期を持つ高層建築物が長周期地震動により多数崩壊しました（Programa de reconstruccion-Nonoalco, 1986；The earthquake of September 19th, 1985）．400 kmという距離は，南海トラフ地震が起きれば震源地から首都圏までの距離に相当するので，決して他人事ではない話です．メキシコシティのほぼ中央部に，湖を埋め立てることで造成された土地があります．そこにトラテロルコ団地という集合住宅地があり，その一角にNuevo Leon棟という，3棟がエクスパンション・ジョイント（異なる性状を持った建物の間を連結するが，力は伝達しないようにする継目のこと）により連結されている建物が建っていました（**写真6.3**）．メキシコ地震で倒壊した建築物の中には，このNuevo Leon棟が含まれていました．この建物は，地震により3棟のうち2棟が完全に倒壊してしまいました．これは，建築構造の耐力低下や地盤の不同沈下（基礎や建物が傾いて沈下すること）に伴う固有周期の変化，軟弱地盤が引き起こす地震波の伝播時間差などにより，隣接する建物が異なる揺れ方をした上，長周期地震動に伴う共振現象が重なり，隣接する建物同士の衝突が生じたからと考えられています.

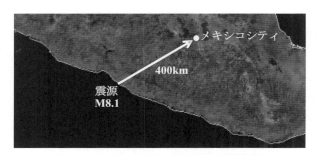

図6.10 メキシコシティと震源地の位置関係

写真 6.3　トラテロルコ団地

　そこで，メキシコ地震の際に倒壊した Nuevo Leon 棟を模擬した 3 連棟モデルを作成し，その棟間衝突による崩壊現象を再現することを試みました．まず 1 棟のみの場合について解析を行い，地震動のみによっては倒壊しない設計であることを確認します．次に，3 連棟モデルを設計値通りに 10 cm 間隔で隣接させ，北棟のみ固有周期を変更して検証を行いました．

(1)　3 連棟モデルの構成

　メキシコシティで観測された SCT 波 EW 成分の加速度応答スペクトル（**図 6.11**，太田外氣晴氏提供）を見ると，1995 年の兵庫県南部地震の際に神戸海洋気象台で観測された NS 成分と比べ，卓越周期が神戸波の 1 秒以下に対し 2 秒以上とかなり長いことがわかります．これは，メキシコシティが震源地から遠方にあるだけでなく，古くは湖だったという軟弱地盤上に存在することが原因と考えられています．この地震波の卓越周期が 14 階建ての建物の固有周期とほぼ一致してしまったために，**図 6.12**（太田外氣晴氏提供）に示すように Nuevo Leon 棟を含む多くの 14 階建ての建物が甚大な被害を受けました（Celebi *et al.*, 1987）．

　1985 年当時のメキシコにおける設計基準を参考にし，ベースシアー係数（建物最下層のせん断力係数のこと）を 0.06，床荷重を 400 kg/m^2，軸力比（柱に

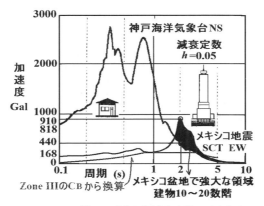

図 6.11　SCT波 EW 成分の加速度応答スペクトル

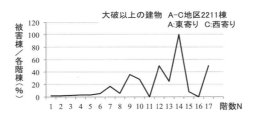

図 6.12　メキシコ地震における建物階数と被害率

生じる軸力をその断面積と強度の積で割った値）を 0.5 と高めの値に設定して Nuevo Leon 棟モデルを作成しました．まずは**図 6.13** に示すような 1 棟モデルを作成し，このモデルを三つ使って**図 6.14** に示すように設計値 10 cm の棟間距離で隣接させた 3 連棟モデルとしました．1 棟当たりの幅は 53.1 m，奥行き 12.4 m，高さ 42.02 m です．減衰率を 5% としています．

　同型の建物を三つ並べたこのようなモデルでは，地震波を同じように入力してもただ同じように揺れるだけで，棟間衝突は起こりません．ところが，地震後の調査では，**表 6.3** に示すように他の同型建物（Chihuanua 棟）の 3 棟間で最大 25% 程度の固有周期の相違が確認されました．これは，地震による被害で建物の強度が低下したか，不同沈下などで地盤が緩くなったことが原因とも

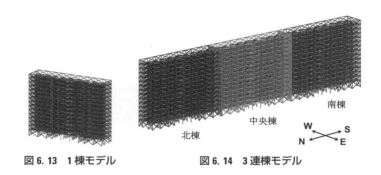

図 6.13　1 棟モデル　　　　図 6.14　3 連棟モデル

表 6.3　Nuevo Leon 棟と同型の Chihuanua 棟の固有周期特性（地震後の調査結果より）

揺れの方向	NS（長辺）方向			EW（短辺）方向		
棟の No.	1	2	3	1	2	3
固有周期 [s]	1.39	1.11	1.13	1.94	1.63	1.77
No.2 棟に対する固有周期の倍率	1.25	1.00	1.02	1.19	1.00	1.09

表 6.4　3 連棟モデルの固有周期 [s]

	NS（長辺）方向	EW（短辺）方向
北棟	1.50	1.72
中央棟	1.20	1.65
南棟	1.20	1.65

考えられています．そこで，何らかの理由で北棟のみ長辺方向の固有周期が 25% 増しになったことを想定し，北棟の柱の強度を低下させました．その際の各々の棟モデルの固有周期を**表 6.4** に示します．

(2)　解析条件

入力地震波には**図 6.8** と同じものを使い，全支持点に対し同時に入力しました．また，接触判定に用いられる部材の幅についても前節と同様の値を用いました．一方，棟間では比較的穏やかな接触が長く続く傾向があり，解析上で接触が解除されにくい状況となったため，接触解除条件として接触解除判定比を

95％とし，接触解除後の接触回避時間を 500 ms としました．解析における CG 法の収束ノルムは 1.0×10^{-6}，時間増分は 1 ms，総解析ステップ数は 90,000 step です．

(3) **解析結果**

1 棟のみの解析の場合，いくつか破断箇所は見られましたが崩壊には至りませんでした．ところが，3 棟が隣接し，北棟のみ固有周期が異なる場合には，40 秒過ぎから 2.2 秒ほどの周期のねじれを伴いながら大きな揺れが生じ，主に北棟と中央棟が衝突し合う様子が観察されました（**図 6.15** 参照）．その後，70 秒付近で中央棟が倒壊し始め，次いで北棟が倒壊しました．崩壊後の様子と**写真 6.4** を比較すると，ほぼ良好に一致していることが確認できます．

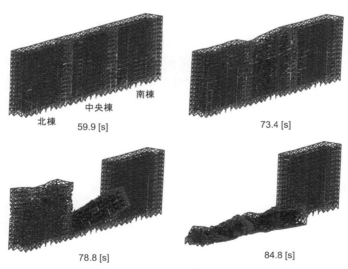

図 6.15　3 連棟モデルの棟間衝突・崩壊現象（口絵参照）

写真 6.4　倒壊後の Nuevo Leon 棟

6.5　シミュレーション技術の高度化に向けて

　本章では，建物の崩壊解析手法の例として ASI-Gauss 法をもとに開発された有限要素解析コードについて解説しました．また，崩壊現象を再現するために必要ないくつかのアルゴリズムについて説明しました．その後，隣接した建物のモデル，Nuevo Leon 棟モデルによる解析結果を示しました．これらの結果からわかるように，棟間距離を十分に取らないと棟間衝突を起こし，最悪の場合，建物が崩壊する危険性があります．そのため，長周期地震動の発生が予測されている現状では，都市部の隣接建物間距離の適正値について再考する必要があるかもしれません．実際，東日本大震災の際にも大阪の高層ビルが大きく揺れたり，東京タワーの先端が折れたりするなど，長周期地震動の影響が都市部でも観測されました．また，建物の崩壊挙動は，簡単には実験で検証できません．そのため，今後も高度なシミュレーション技術を使って重ねて検証する必要があるでしょう．さらに東日本大震災では津波によって大きな被害が出ましたが，それ以降，津波や漂流物に対する建物の挙動シミュレーションも活発に行われるようになりました．地震や津波にも強く，漂流物に対しても壊れない建物を設計する上で，シミュレーション技術は大きく貢献することでしょう．

参考文献（アルファベット順）

Celebi, M *et al.* (1987) The culprit in Mexico City - Amplification of motions. Earthquake Spectra, 3, 315–328.

Cundall, P.A. (1971) A Computer Model for Simulating Progressive, Large-scale Movement in Blocky Rock System, *Proceedings of the International Symposium on Rock Mechanics*, II-8, 129–136.

磯部大吾郎・チョウ ミョウ リン（2004）飛行機の衝突に伴う骨組鋼構造の崩壊解析，日本建築学会構造系論文集，第579号，39–46.

磯部大吾郎・レティタイタン（2011）高層建築物の火災時崩壊挙動に関する数値解析的検証，日本建築学会構造系論文集，76(667)，1659–1664.

Isobe, D. *et al.* (2012) Seismic Pounding and Collapse Behavior of Neighboring Buildings with Different Natural Periods, *Natural Science*, 4(8A), 686–693.

Ma, M.Y. *et al.* (1995) Evaluation of active thrust on retaining walls using DDA, *Journal of Computing in Civil Engineering*, 1, 820–827.

Programa de reconstruccion - Nonoalco / Tlatelolco (1986) Tercera Reunion de la Comision Asesora Del Programa Cooperativo Para El Desarrollo Del Tropico Americano. The Third Meeting of the Technical Commission Advises, Ciudad de Mexico.

Shi, G.H. and Goodman, R.E. (1984) Discontinuous Deformation Analysis, Proceedings of 25th U.S. Symposium on Rock Mechanics, 269–277.

The earthquake of September 19th (1985) Inform and preliminary evaluation. Universidad Nacional Autonoma de Mexico.

都井裕（1990）骨組構造および回転対称シェル構造の有限要素解析における Shifted Integration 法について，日本造船学会論文集，第168号，357–369.

都井裕・磯部大吾郎（1992）骨組構造の有限要素解析における順応型 Shifted Integration 法，日本造船学会論文集，第171号，363–371.

Tosaka, N. *et al.* (1988) Computer Simulation for Felling Patterns of Building, *Demolition Methods and Practice*, 395–403.

第7章
社会的基盤施設の被害とその設計

庄司学・山本亨輔

　本章では，東日本大震災における社会的基盤施設（交通インフラ，エネルギー供給系の施設，水処理系の施設，通信インフラなど）の被害の特徴について解説します．後半では，このような甚大な被害をきっかけとして，我が国における社会的基盤施設の今までの設計方法を振り返り，これからの設計方法のあり方について考察したいと思います．

7.1　社会的基盤施設の被害

　東日本大震災では社会的基盤施設に甚大な被害が発生しました．社会的基盤施設とは我々の社会・経済活動の基盤となる施設の総称で，主に，交通インフラ，エネルギー供給系の施設，水処理系の施設，通信インフラを指します．道路や鉄道の施設は交通インフラ，電力やガスの施設はエネルギー供給系の施設になります．上・下水道の施設は水処理系の施設，固定電話や携帯電話，インターネット等の施設は通信インフラに含まれます．

　地震に起因して複合的に発生した地面の揺れ，斜面崩壊，液状化，津波によって，これらの施設の構造が壊れたり，施設の有する機能に支障が生じたりしました．本節で取り上げる「被害」は，前者の構造被害と後者の機能支障の大きく二つに分類できます．また，地面の揺れ，斜面崩壊，液状化，津波は施設に被害を及ぼす「作用」と考えます．東日本大震災が起こる前までは，津波を除いて，このような様々な作用による社会的基盤施設の被害を考える大きな契機となったのは，1995年に発生した阪神・淡路大震災でした（岡田・土岐編，2006）．それから20年，本節の目的は，地震の発生に伴い，複合的な「作用」が及んで社会的基盤施設の「被害」が多面的に発生したという，東日本大

震災の大きな特徴を紹介することです．

(1) 長周期地震動による被害―都市内の高架橋―

　地面の揺れは地震動といいます．震源域から放射された地震波が施設の位置まで伝播して地面を揺らし，この地震動によって施設の構造物が振動して構造物の破壊が生じます．地震動と建物の被害の関係については第2章で深く考察しました．その際，今回の地震で忘れてはいけないことは，第1章で紹介したように，プレート間の大きな滑りが段階的に広い領域で発生したために，長周期の成分を多く含む，長い継続時間の地震動が生起したことです．関東平野では，関東ローム層という軟らかな地層が厚く堆積しているので，このような地震動が増幅しやすく，長周期地震動と呼ばれる特徴的な地震動が観測されました．関東平野の特に湾岸部には，高層ビルや石油タンク，都市内の高架橋等の固有周期の長い社会的基盤施設が多く立地しており，これらの構造物が長周期地震動の作用を受けました．

　東京湾岸部を走る首都高速道路の湾岸線に東扇島高架橋という免震構造の橋梁があり，長周期地震動によってその振動する様子が観測されました．この観測データを分析することで，東日本大震災の際の長周期地震動による社会的基盤施設の影響について考えてみたいと思います．この免震構造の橋梁には，鉛プラグ入り積層ゴム支承という免震装置が橋脚と橋桁の間に取り付けられています．鋼板でサンドイッチにされている積層状の天然ゴムのせん断変形によって橋梁の固有周期を1.5秒程度まで長周期化し，さらに，鉛の塑性変形によって振動によるエネルギーを吸収することで減衰性能を高め，地震による橋梁の振動を抑えます．

　このように免震構造の橋梁は地震に対して高性能な構造物で，日本では1990年代初頭から建設し始められました．それからおよそ四半世紀の間，いくつかの地震の際に，免震構造の橋梁で振動する様子が観測され，免震装置の性能の検証が進められてきました．松ノ浜高架橋という阪神高速道路の免震構造の橋梁で兵庫県南部地震の際に貴重な観測データが得られ，その高い性能が確認されています．

　しかし，免震構造の橋梁は固有周期が数秒以上と長いので，長周期地震動を

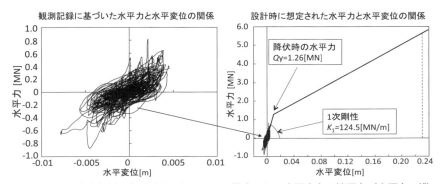

図 7.1 東扇島高架橋の免震装置に加わったと推察される水平方向の地震力（水平力，縦軸）と免震装置の水平方向の変位量（水平変位，横軸）との関係

受けた場合にはその長い周期と共振し，橋梁の振動が増幅してしまって，果たして，本来有する高い性能を理論通りに発揮することができるのか，観測データによる検証が必要とされてきました．

図 7.1には，免震装置が東北地方太平洋沖地震の際の長周期地震動を受けて振動した様子が描かれています．免震装置に加わったと推察される水平方向の地震力がMNの単位（ニュートン［N］の10^6倍）で縦軸に，免震装置の水平方向に生じた変位量がmの単位で横軸にそれぞれ示されることで，長周期地震動を受けて免震装置に働いた水平力に対して，免震装置がどの程度，変形したかがわかります（庄司・藤川，2014）．

結論は，今回の地震による長周期地震動がこの免震構造の橋梁の振動にほとんど影響を与えてはおらず，心配されていた共振は起こっていませんでした．しかし，**図 7.1**をよく見ると，設計のときに想定していた降伏点の7～8割まで免震装置が振動していますので，もっと大きな長周期地震動であれば，橋梁の振動も大きく増幅していたかもしれません．南海トラフ沿いで発生が懸念されている東海地震や東南海地震，南海地震では強烈な長周期地震動が関東平野，濃尾平野，大阪平野等で発生すると考えられています．このような免震構造の橋梁のような固有周期の長い社会的基盤施設については長周期地震動に対する工学的な対策を忘れてはならないと思います．

(2) 斜面崩壊による被害―道路インフラ―

第4章3節で取り上げた地震による斜面崩壊の問題を，社会的基盤施設の被害という逆の切り口からもう1度，考えてみましょう．2004年新潟県中越地震や2008年岩手・宮城内陸地震では，道路インフラが斜面の損傷や崩壊に巻き込まれて被災する事例が多数発生し，道路網の寸断による集落の孤立が社会問題と化しました．**写真7.1**は海外の事例ですが，2008年中国・四川大地震の際の道路の被害の様子を示したものです．

このように，東日本大震災の以前から，斜面の損傷や崩壊に伴う道路インフラの被災の問題は強く認識されていました．東日本大震災でこのような被害が具体的にどのように生じたのか，調べてみました（櫻井ほか，2012）．

図7.2には，東北地方太平洋沖地震の際に，斜面崩壊に伴って発生した43箇所の道路の被害箇所を灰色の○印で示しています．斜面の沿道で盛土したり切土したりして造られた道路の被害データを示しており，橋梁やトンネルの被害データは含まれていません．「斜面の沿道」の定義は少しややこしいですが，ここでは，地震動によって斜面の損傷や崩壊が発生すると考えられる最大傾斜角10°以上の「斜面」のデータを抽出しています．このときには，国土地理院が公開している空間的に250 mメッシュ単位の最大傾斜角のデータを活用し

写真7.1 2008年中国・四川大地震における道路の被害の様子

第7章 社会的基盤施設の被害とその設計　119

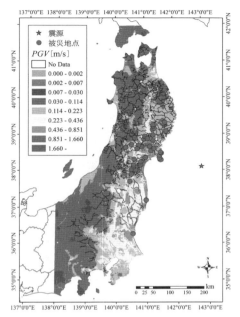

図 7.2　東北地方太平洋沖地震の際に斜面の崩壊に伴って発生した道路の被害箇所（口絵参照）

図中の背景は地表面最大速度（Peak ground velocity, PGV）の空間分布を表しています．

ました．これより，最大傾斜角10°以上の250 mメッシュと抽出されたメッシュ内の道路のラインデータを「斜面の沿道」の道路と定義しました．主に，国土交通省の東北地方整備局と関東地方整備局が管理している国道と，青森県，岩手県，山形県，宮城県，秋田県の東北5県が管理している主要な県道のみを対象としました．市道や町道は含まれていません．これらの道路管理者が発災直後よりインターネットで災害情報を公開していましたので，それらの資料を集計し，余震による被害と考えられるデータをすべて除去して，本震による被害データのみを**図 7.2**には示しています．

図 7.3は，地震動の強さの指標の一つである地表面における最大速度の揺れ

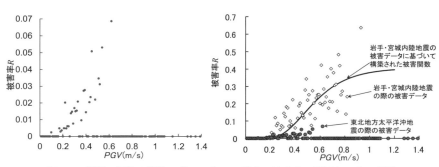

図7.3 斜面の損傷や崩壊に伴って生じた道路の被害率 R [箇所/km] の特徴
図中の横軸は地表面最大速度（Peak ground velocity, PGV）を表しています．

（地表面最大速度：Peak ground velocity, PGV）と，斜面の損傷や崩壊に伴って生じた道路の被害率との関係を表しています．被害率は「斜面の沿道」の道路1km当たりの被害箇所数を表しています．地表面最大速度 PGV が0.1 m/sを超えると被害が発生し始め，およそ0.6 m/sまで地震動が強くなると道路1km当たりおよそ0.07箇所という被害率まで大きくなり，斜面の損傷や崩壊に巻き込まれて被災した道路が多くなっています．図7.3には右側にもう一つ図がありますが，この図は東北地方太平洋沖地震の際の被害データを2008年の岩手・宮城内陸地震の際の被害データと比較した結果です．地表面最大速度 PGV が0.3 m/sまでの相対的に弱い地震動を受けた領域では二つのデータにあまり違いがありませんが，地表面最大速度 PGV が0.5 m/sから0.6 m/sまで地震動が強くなると，東北地方太平洋沖地震の際の被害率は岩手・宮城内陸地震のデータと比較して1オーダー低い被害率になっています．山を揺らし，斜面を崩壊させ，それに巻き込まれて道路インフラが被災するというシナリオは過去のデータと照らし合わせると，東日本大震災では必ずしも顕著ではありませんでした．この結果をどう考えるかですが，本章1節(1)で取り上げた長周期地震動の問題と同じで，東日本大震災の後でも，なおリスクは残されたとみるべきでしょう．先述したように，図7.2にプロットされた被害箇所は国道と主要な県道のみを対象としており，市道と町道は含まれていません．本章2節で述べますが，経年的に劣化する道路インフラの維持管理の問題は地方自治体が

抱える市道や町道で顕著に現れてきています．このような脆弱な道路インフラが巨大地震によって被災する大きなシナリオの一つとして，斜面崩壊による社会的基盤施設の被害を用心していく必要があります．

(3) 液状化による被害—上・下水道の埋設管路—

本章1節(1)で取り上げた長周期地震動による被害と本章1節(2)で取り上げた斜面崩壊による被害は，東日本大震災を経験してもなお残されたリスクとして位置付けられる課題でした．一方で，液状化と本章1節(4)で述べる津波による社会的基盤施設の被害は今回の震災で我々の社会に突き付けられた強烈な現実でした．

茨城県，千葉県，東京湾岸の極めて広い領域で液状化による甚大な被害が発生しました．**写真7.2**のように，地面の下に埋設された上・下水道施設や通信施設の管路やマンホールに被害が多発しました．図7.4を見ると，東日本大震災の際にはこれだけ多くの地域で断水や下水道の支障が発生したことがわかります．上水道施設の被害は厚生労働省，下水道施設の被害は国土交通省がそれぞれ管轄して災害査定というかたちで被害データを蓄積しているのですが，宮城県や福島県の被害数と同等以上の断水や下水道の支障が茨城県と千葉県で発生しています．これらの中で断水が最も長引いた都市は，茨城県の神栖市と潮来市でした．断水が完全に解消されたのは神栖市で2011年5月9日，潮来市で2011年4月25日となり，地震の発生から応急復旧が完了するまでおよそ1ヶ月半かかりました（那波ほか，2012）．

写真7.2　東日本大震災における上・下水道の埋設管路の液状化による被害

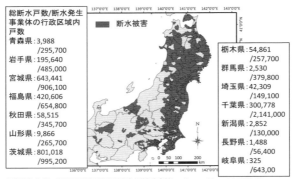

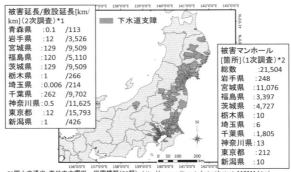

図 7.4　東日本大震災において発生した断水や下水道の支障

　液状化によって，埋設管路やマンホールになぜ，ここまで大きな被害が発生したのでしょうか．先ほどの茨城県の神栖市と潮来市における上水道の配水管の被害データを分析することで，そのメカニズムを考察しました．どのような配水管の管種や口径で被害が発生しやすく，また，どのような地盤や地形の区分に埋設されていると被害が発生しやすいのか，さらには，液状化によってどの程度，被害が助長されるのかについて，多変量解析という方法で定量的に明らかにしました（築地ほか，2013）．

　図 7.5 は，管種，口径，地盤・地形の区分の中で基準とするものをそれぞれ

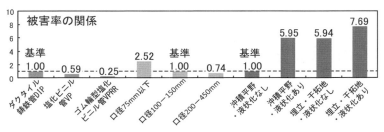

図7.5 管種,口径,地盤・地形の区分の観点からみた配水管の被害率の特徴

定めて,それらに該当する管路の被害率を1.0と基準に考えた場合に,その他の管種,口径,地盤・地形の区分の場合の管路の被害率がどの程度,大きかったか,小さかったかを表しています.管種はダクタイル鋳鉄管DIP,口径は100 mm以上150 mm以下を基準とし,地盤・地形の区分は液状化が発生していない沖積平野に埋設された管路の被害率を基準としました.ダクタイル鋳鉄管DIPの被害率を1.0とした場合に,その他の管種の被害率がどの程度大きかったのか,小さかったのか,同様に,100 mm以上150 mm以下の口径に対して,その他の口径の場合に被害率がどの程度大きかったのか,小さかったのかを表しています.

着目してもらいたいのは,配水管が埋設された地盤と液状化の被害率に対する影響で,液状化が発生していない沖積平野に埋設された管路の被害率に対して,液状化が発生した沖積平野に埋設された管路の被害率はおよそ6倍(5.95)も高くなり,同じく液状化が発生した埋立・干拓地に埋設された管路の被害率は8倍(7.69)近くに達していたことがわかりました.これらの数値は過去の地震の際の被害データと比べて1.5～2.5倍の高い被害率を表しています.

このように,液状化が発生したエリアと液状化が発生しなかったエリアでともに,神栖市と潮来市の配水管の被害データは過去の被害データよりも高い被害率を示しています.これは,長周期で,かつ,長い継続時間を有する今回の強震動によって励起された地盤の振動に起因すると考えられています.また,神栖市や潮来市の場合には,土砂の掘削と河川の土砂の埋戻しが繰り返され,土地の造成や干拓が行われる等,これらの地域特有の土地造成の履歴が大きな

原因の一つとも推察されています．これらの二つの観点から，詳細な原因究明が現在もなお，各市に設置された液状化対策検討委員会の活動等を通じて続けられています（橋本ほか，2014）．

(4) 津波による被害―エネルギー供給施設，下水処理場，橋梁―

非常に残念なことですが，津波による社会的基盤施設の被害は東日本大震災の諸々の被害像の中でも象徴的なものとなってしまいました．電力やガスのエネルギー供給施設は，発電所やガスの製造所が原材料を取得したり，発電や製造のプロセスで大量の水を必要とすることから，海岸部に立地することが経済的になります．下水道の水処理施設は，自然の標高差を利用しながら，雨水や汚水を海岸部に集め，処理した水を川や海に戻します．海岸部の平地には，山や丘を縫って道路や鉄道の交通インフラが建設されており，川や水路をまたぐ

写真7.3　東日本大震災におけるエネルギー供給施設，下水処理場，および橋梁の津波による被害

第7章　社会的基盤施設の被害とその設計　125

橋梁が海岸線のぎりぎりのところまで立地しています．このように社会的基盤施設の中で，エネルギー供給施設，下水処理場，および，橋梁の三つのタイプの施設が，その成り立ちや運用の観点から海岸部にもともと立地しやすい環境にありました．東日本大震災における甚大な津波の作用とそのような施設の形態がマッチして，**写真 7.3** に示すような社会的基盤施設の津波による多様な被害が発生してしまいました．これらの中で，道路インフラの橋梁を例に，津波による被害の実態を見てみましょう．

東日本大震災の際に津波による作用を受けた，合計 108 の橋梁のデータセットに基づき，浸水深と落橋の被害の関係を**図 7.6** のように明らかにしました．これらの橋梁のちょうどぴったりの位置では浸水深のデータは観測されていません．このため，津波を発生させる源となる海底面の地震による隆起と沈降の量をモデル化した結果に基づいて，海水面の水位の上昇と下降の量を計算し，それを初期条件とした上で，津波の伝播および浸水の数値計算を行って，橋梁の位置における浸水深を推定しました（中村・庄司，2014）．橋梁の近傍であれば，浸水深の観測データが得られた場所が数箇所ありますので，それらの観測データと数値計算より得られた浸水深のデータとの合い具合を統計的に検証することによって，数値計算より求められた橋梁の位置における浸水深のデータの妥当性を担保します．

図 7.6 は，津波の水面の上昇速度が 1 分間に 2 m 以下の緩やかな波面を有

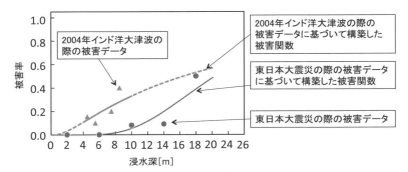

図 7.6　東日本大震災の際に発生した橋梁の津波による落橋の被害率の特徴

する津波が作用したと推察される橋梁にデータを絞った結果です．浸水深が5m程度までは落橋の被害率はほぼゼロで，通常の家屋の津波による被害率と比較すると，我が国の橋梁の津波に耐えられる性能の高さをおしはかることができます．一方で，浸水深が10mを超え，およそ20mに近づくと，このような極めて高い浸水深に晒される橋梁数のおよそ半数（被害率は0.5）で落橋の被害となることが明らかになりました．東日本大震災の際のこのような実証的なデータに基づいて，社会的基盤施設の被害像を数式の関数形で一般的にモデル化しておけば，そのようなデータを，今後の発生が危惧されている南海トラフ地震津波に曝露される地域に敷設された橋梁の津波による被害推計に有効に活用していけると思います．

　施設が立地する場所の詳細な津波ハザードや，津波が構造物に及ぼす波力・波圧の評価方法については今回の震災以前から，ここで取り上げた社会的基盤施設を対象として，研究と実務の両面から検討が繰り返されてきました．しかし，震災当時，地震動に対する耐震設計と同じようなコンセプトである，津波の作用に対する耐津波設計という考え方は，各々の施設の設計や管理の局面において必ずしも浸透してはいませんでした．このような検討が最も進んでいたはずの原子力発電所の施設であのような事故が発生してしまいました．このような反省に立って，震災後には，耐津波設計の考え方の整理が様々な社会的基盤施設を対象として急ピッチで進められています（今村ほか，2014）．

7.2　設計全般と耐震設計

(1) 設計法の発展

　土木構造物や建築物は，各種設計法や設計標準，示方書等に基づいて設計されています．設計では，どのくらいの大きさの部材をどんな材料で作り，構造物を組み上げれば，想定される荷重に耐えることができるかを計算します．

　良い設計は，用・強・美を備えるといわれています．用は，その構造物が果たすべき役割のことを指します．機能が十分に発揮されるように，構造物の基本的な形を決めていきます．強は，強度のことです．想定される荷重に対して十分に抵抗できるように部材の寸法や材料を定めます．美は，外観のことです．

構造物にきれいな装飾を施したり，部材の配置を均等にしたりして，外観を美しく整えることを意匠設計といいます．

建築物は，第5章で述べた建築基準法の中で細かく仕様が定められています．例えば，鉄筋コンクリートを作るときは，内側の鉄筋の腐食を防ぐため，鉄筋が十分に内側寄りに配置される必要があります．このとき，鉄筋の外側のコンクリートをかぶりといいますが，建築基準法では，かぶり厚は何 cm 以上，というように定められています．このように構造物の仕様を予め定めておく設計法を，仕様規定型設計法といいます．

一方，国土交通大臣が認定すれば，仕様規定に従わない構造物を建造することが可能になります．ただし，その構造物が求められている機能に対して，十分な性能があることを理論的に説明しなければなりません．例えば，橋のたわみについて考えましょう．鉄道橋の場合，橋のたわみが大きくなると，列車の脱線などの重大な事故が発生する可能性が考えられます．ですから，ここでは，橋が求められる機能は「列車が安全に通過できること」になり，求められる性能は「たわみがほとんど生じないこと」になります．一方，自動車では少々たわみが生じても走行性は損なわれません．この場合，橋が求められる機能は「自動車が安全に通過できること」になり，求められる性能は「重い車両が走っても損傷が生じないこと」となります．このように，必要な機能と性能を明らかにして，適宜，仕様を決定する設計法を「性能照査型設計」といいます．

性能照査型の設計法を採用すると，地域の特性や構造物の特殊性に合わせて，今までにない形のものが設計できるようになります．しかし，性能照査型設計の採用による最大のメリットは，安全の合理性が高まることです．

実は，科学的見地からすると，安全という言葉は非常に曖昧な用語です．定義することが非常に難しいためです．例えば安全の意味を国語辞典で調べると「危険がないこと」といった絶対安全に近い定義がなされるのが一般的なようです．しかし，科学的に絶対安全は存在しません．どんな地震にも耐えられるように建物を造ったとしても，中にいる人が転倒して怪我をするかもしれません．絶対安全の定義に従えば，そのような建物は安全と表現できなくなります．あらゆるケースを想定するのはとても難しいことです．どんな地震にも耐えられるように設計したとしても，施工不良があるかもしれません．長く使ってい

れば老朽化し，構造物が弱くなっている可能性もあります．未知の劣化メカニズムが働き，コンクリートが突然ぼろぼろになるかもしれません．これまでの仕様規定型設計は，そういった様々な問題点について，あまり説明してきませんでした．つまり，構造物の強さに十分な余裕を持たせ，危険の可能性を限りなく小さくする，という発想で設計を行ってきました．

しかし，現代社会が高度化する中で，新しいリスクが次々と発見されています．例えば1980年代には，コンクリート構造物に亀甲状のひび割れが多く発見されました．原因はASR（アルカリ骨材反応）現象と解明されましたが，当時はよく知られていなかったため，大きな問題となりました．他にも，橋の建設当時と比べて，自動車の性能が格段に向上したため，非常に重い車でも走行が可能になり，予想より早く橋が劣化しています．重いトラックが1台走ったときの橋の疲労蓄積は，普通の自動車が約8,000台走ったレベルに相当するといわれており，これも大変な問題です．東日本大震災のような広域複合災害も発生前までは未知のリスクでした．都市化と人口集中が進むことで，我々の生活圏内のリスクも多様化しています．

多様なリスクが存在しますが，発生確率が非常に小さいものや場所によっては全く存在しないものもあります．これらを一律に評価するのではなく，一つ一つのリスクに対してその発生確率に応じて適宜，仕様を定めていくことで，合理的に安全性を確保することが必要となりました．性能照査型設計は，リスク一つ一つに対する構造設計を可能にするための書式を提供します．書式というと想像しにくいのですが，構造計算のためのテンプレート集であると考えて下さい．

耐震設計においては，地震リスクを二つの分類によって評価しています．一般にレベル1地震動，レベル2地震動と呼ばれています．この評価方法は阪神・淡路大震災における構造物の甚大な被害をきっかけとして，様々な構造物に対する耐震設計の基本となる考え方になりました．

レベル1地震動は，その建築物の供用期間中に最低でも一度は受ける規模のもので，比較的に頻繁に発生する地震動を想定しています．一方，レベル2地震動は，想定しうる最大規模の地震動で，代表例は先ほどの阪神・淡路大震災等があげられます．多くの耐震設計において，レベル1地震動に対しては，建築

物が弾性的に応答するように設計されます．弾性とは，外力を受けて変形が生じても，外力がなくなれば元通りになることをいいます．具体的には，ゆがみが残ったり，ひび割れが生じたりしないように耐力を定めます．一方，レベル2地震動に対して弾性設計をすると非常に大きなコストがかかってしまいますので，建築物の種類にもよりますが，レベル2地震動に対しては，外壁の剥落や倒壊といった損傷を回避するように設計します．ここでは，少々のゆがみやひび割れは許容しつつも，人命に関わるようなリスクは生じさせない設計を目指しています．

　性能照査型設計の代表的な設計法は，部分安全係数法の書式を用いた限界状態設計法（図7.7）というものです．限界状態設計法では，満たすべき機能と性能を各種限界状態として定め，それぞれの限界状態に対する安全照査を行います．例えば，橋を考えると，普段は車両の通行による交通荷重が考えられます．重い車が通過している間，橋はたわみを生じますが，通過した後は，元通りに戻ってくれなければ困ります．荷重から開放されたとき，元の形に戻ることができれば弾性域におさまっているといえます．そこで，想定される交通荷重の中で最大値を使用限界状態と定め，使用限界状態においても弾性域のみで橋が応答することを確認します．なお，弾性に対して，変形が残る性質を塑性

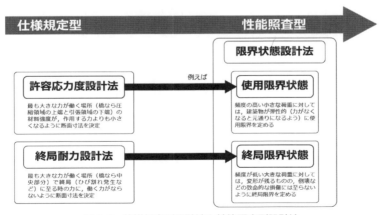

図7.7　仕様規定型設計法と性能照査型設計法

といいます．例えば，大きな地震や稀にしか走行しない非常に重い車両については，非常に小さな値であれば，残留変形を許容することが考えられます．崩壊限界状態とすると，かなり危険なレベルを想定することになりますので，余裕を持って手前の段階を終局限界状態と呼ぶことにしています．

他にも疲労限界状態や補修限界状態等の様々な限界状態が設定されます．例えば，小さな荷重でも繰り返し作用すると部材が破壊される疲労という現象に対して，供用期間中に疲労破壊が生じないよう構造物内部に働く力を分散させ，十分小さくなるように疲労限界状態の安全照査を行います．

仕様規定型設計法の代表例は，許容応力度設計法という表現をよくみます．しかし，これは誤解を含んでおり，許容応力度設計法も先に述べた使用限界状態の安全照査で行われる弾性設計法と考えることができます．性能照査型設計は，合理的に安全性を説明できればよいので，限界状態によっては従来の仕様規定型設計法を採用しても問題ありません．事実，鋼製橋梁の新しい設計標準では，少し記述は変更されていますが，従来の仕様規定型設計法と同じ結果が得られるように設計法を定め，整合性が確保されています．

(2) 構造物の経年劣化と維持管理

自動車が発明され，世界中に広まるとともに道路インフラの整備も進められてきました．しかし，現在，これらのインフラの老朽化が深刻な問題となっています．日本や西欧諸国では，1960 年代に整備され，当時の高度経済成長期をけん引した橋梁の老朽化が問題となっています．**図 7.8** は，供用開始後 50 年以上の橋梁が今後増えていく様子を図にしたものです．ただし，建設年代が不明なものも含めています．わかっているだけでも，約 30 万の橋梁が今後，高齢化していくことがわかります．もちろん，高齢化した橋梁の中でも健全な橋梁は数多く存在すると考えられます．これは，当時，仕様規定型設計が行われていたことから，過剰安全設計となり，少々の高齢化でも十分な品質が保たれている可能性があるためです．一方で，ASR 現象や交通荷重の予想外の増加により，すでに老朽化が進行している可能性もあります．これらの課題を解決するためには，インフラの現状を把握するための点検技術や点検結果に基づく合理的な維持管理手法，効果的で経済的な補修技術を開発し，普及させ，運

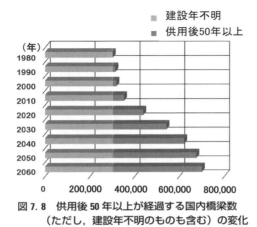

図 7.8 供用後 50 年以上が経過する国内橋梁数
（ただし，建設年不明のものも含む）の変化

用システムを確立していくことが必要となると考えられます．

また，発展途上国でも植民地時代に整備された後，保守点検を行ってこなかった鉄道や道路舗装といったインフラの老朽化が深刻になっています．発展途上国では，予算不足によりインフラの新設には限界があり，これらの古いインフラを補修しながら使い続けていくことが社会を維持する上での死活問題となっています．

つまり，インフラの老朽化は，日本だけでなく世界に共通した課題といえるでしょう．そのような問題のことを，地球規模課題といいます．代表的なものには気候変動問題（地球温暖化）があげられます．

インフラの老朽化は非常に根の深い問題です．かつて，ローマは巨大な街道ネットワークを整備し，巨大な帝国をヨーロッパに建設しました．すべての道はローマに通ず，という諺があるくらいで，西欧文明の基礎はローマ帝国から始まっているといわれるほどです．しかし，インフラの維持管理費が増大したことで財政難となり，帝国は分裂し，最終的に滅亡します．

日本でも，江戸時代に永代橋で落橋事故が発生します．この永代橋は隅田川を渡る交通の要衝ですが，苦しい幕府財政を背景に民営化され，通行料を徴収しながら維持管理が行われていました．しかし，1807 年，お祭りに集まった

群衆の重みに耐え切れず落橋し，1,000人以上の人が亡くなったといわれています．これは歴史上最悪の落橋事故です．アメリカでは1980年代になると，1930年代のニューディール政策の際に建設された多くの橋梁で損傷事故が頻発するようになります．老朽化した橋は通行規制が行われたため，橋を渡ればすぐのところへ大きく迂回しなければならなくなり，都市生活のパフォーマンスが低下しています．アメリカでは当時，品質を下げて低コスト化した橋梁を応急的に建設することで，インフラの維持を図ったことから，30年経過した現在，再びそれら低コスト橋梁の老朽化が懸念されています．アメリカは1980年代に始まったインフラの一斉老朽化の問題を「荒廃するアメリカ」と呼び，解決に向けた取り組みを続けていますが，いまだ解決していないといえるでしょう．日本においても，今後，本格化するインフラの一斉老朽化の対策を誤れば，アメリカのように30年経っても解決できない社会問題となるかもしれません．

(3) 次世代インフラの設計

したがって，持続可能な文明社会を整備するため，今後も私たちは新しい構造物・建築物を整備し，同時に古い構造物・建築物を補修しながら使い続けていかなければなりません．しかし，力学的にまだまだ未解明の部分が多く，性能照査型設計においても，実態は仕様規定型設計となっている箇所が多くあります．

技術の進歩に合わせ，設計法をアップデートし，より機能的で，経済性が高く，維持管理が容易で，そして何より，安全な構造物・建築物を設計することが求められています．

東日本大震災は，想定外のリスクについて技術者が反省するきっかけとなりました．設計法の精度を高めることは，既知のリスクに対する安全の合理性を高める一方で，未知のリスクに対して，脆弱性を増大させる懸念があります．一方，過剰安全設計は，二重三重のセーフティを用意することで，将来のリスクに備えることができますが，ASR現象のように，リスクがそれを上回ることもあります．

未知のリスクを減らし続けることは重要ですが，未知のリスクがあるからと

いって，インフラの整備を止めることはできません．我々は，現場の技術者であれ，発注者であれ，管理者であれ，どこかで「肚(はら)で決める」ことを求められてきました．つまり，想定外のリスクがあることを承知の上で，「この建物は安全です」と表現する必要に迫られてきました．それが最悪の形で顕在化した例として，福島第一原子力発電所の事故があります．当時の原子力政策では，絶対安全を政策的に標榜したため，専門家がリスクの存在を示唆することができず，政治決断も遅れました．人々が知りたがるのは「安全なのかどうか」ですが，専門家は「絶対に安全というものは存在し得ない」という数学的表現しか答えられませんでした．リスクが許容範囲内であることを指して「安全です」と答えれば，事故があったときに責任も問われることになるからです．

今後の設計方法は，どのようなリスクが存在するのか，そのリスクにどう向き合うのかを双方向型のコミュニケーションにより解決していく対話型設計法へと発展していくことでしょう．国際標準において，「安全」は「許容できないリスクがないこと」と定義されていますが，許容できないリスクと許容できるリスクについても，十分な議論が必要でしょう．このような課題を解決するために，設計法は力学的記述から，社会科学的な記述へと変化していくと考えられます．つまり，専門用語からわかりやすい言葉へ置き換え，専門家以外の人たちにも参加してもらえる設計・維持管理の仕組みをつくり上げることになるでしょう．

参考文献（アルファベット順）

橋本隆雄・安田進・庄司学（2014）東日本大震災による神栖市深芝・平泉地区の採掘跡地における液状化被害の分析，第34回土木学会地震工学研究発表会講演論文集（USB），土木学会．

今村文彦・有賀義明・飯田晋・石黒幸文・庄司学・高橋郁夫（2014）耐津波設計の概念構築に向けて，第14回日本地震工学シンポジウム，3176–3180．

那波悟志・築地拓哉・庄司学・永田茂（2012）2011年東北地方太平洋沖地震における上水道および下水道の被害分析―茨城県および千葉県の情報の得られた被災都市の傾向―，土木学会論文集A1（構造・地震工学），68(4)（地震工学論文集第31-b巻），I_1194–I_1209．

中村友治・庄司学（2014）橋梁構造物に入射する津波の時系列波形とその類型化，

土木学会論文集 A1（構造・地震工学），70(4)（地震工学論文集第 33-b 巻），I_210-I_218.

岡田恒男・土岐憲三編（2006）地震防災のはなし―都市直下地震に備える―，朝倉書店.

櫻井俊彰・庄司学・高橋和慎・中村友治（2012）2011 年東北地方太平洋沖地震における斜面に関わる道路構造物の被害分析，土木学会論文集 A1（構造・地震工学），68(4)（地震工学論文集第 31-b 巻），I_1315-I_1325.

庄司学・藤川昌也（2014）東北地方太平洋沖地震における東扇島高架橋の地震時挙動，土木学会論文集 A1（構造・地震工学），70(4)（地震工学論文集第 33-b 巻），I_947-I_957.

築地拓哉・寺嶋黎・庄司学・永田茂（2013）2011 年東北地方太平洋沖地震において被災した上水道配水管網の被害の傾向―茨城県潮来市および神栖市の事例分析―，土木学会論文集 A1（構造・地震工学），69(4)（地震工学論文集第 32-b 巻），I_260-I_279.

コラム

L1 津波と L2 津波および
レベル 1 地震動とレベル 2 地震動

庄司学

　L1 津波と L2 津波については第 3 章 4 節で紹介し，レベル 1 地震動とレベル 2 地震動については本章の第 2 節で取り上げました．略すると，L1，L2 と同じように呼ばれたり書かれたりすることが多く，一般の人々からみると混乱する用語の使い方ですので注意が必要です．

　L1 津波と L2 津波の考え方は，東日本大震災における甚大な津波被害を踏まえ，津波防災地域づくり法に裏打ちされた考え方です．本音は，頻度の高い地震津波規模（L1）に対しては防潮堤などの社会的基盤施設で何とか人命や財産を守りたい，しかし，極めて頻度が低い最大クラスの地震津波規模（L2）に対しては防潮堤のような施設だけでは限界で，避難を中心としたソフト対策を尽くすというものです．とはいっても，社会的基盤施設の津波に対する性能の観点から，L1 津波を想定して新しく設計され建設された防潮堤が L2 津波の越流に遭遇した場合に，簡単に構造的に壊れてしまうと困るので，L1 津波で設計された防潮堤には構造的な粘り強さが求められるようになりました．東日本大震災の後に地域で定められた想定津波に対して防潮堤を新設している自治体はどのようにしたら構造的に粘り強い防潮堤になるのか，頭を悩ましています．防潮堤の基礎全体や法尻(のりじり)のディテールを構造的に工夫することでこの点を克服しようとしています．

　レベル 1 地震動とレベル 2 地震動の考え方は，阪神・淡路大震災における社会的基盤施設の甚大な構造被害を受けて，土木学会の第一次提言（1995 年 5 月）によって社会全般に広まりました．兵庫県芦屋市と神戸市東灘区の境界付近で，阪神高速道路 3 号神戸線のピルツ構造の高架橋が 600 m 以上にもわたり地震動によってなぎ倒され，人々に大きな衝撃を与えました．社会的基盤施設の一被害(いち)というよりも，阪神・淡路大震災における被害の象徴になってしまいました．このような被害を引き起こした，内陸の地殻内地震による強烈な地震動を耐震設計で考慮するために，レベル 2

地震動として再定義されました．再定義の意味するところは，歴史を紐とくと，東京湾アクアラインの耐震検討が行われていた1970年代後半から二段階耐震設計法という概念の中ですでに提示されていた考え方であるからです．レベル2地震動も，L2津波と同じで，極めて頻度がまれであるが，非常に強い地震動を社会的基盤施設の耐震設計において考慮するというものです．非常に強い地震動に対して施設を完全に壊れないようにつくることは不経済となるので，施設を形成する構造物に部分的に損傷を許容して，それでも地震後に早期に復旧できるように耐震性能を担保します．L1津波とL2津波の考え方と根本的に異なるのは，レベル2地震動に対しても構造物の耐震性能をチェックして，構造物を設計し，かたちづくるということです．このときには，高架橋を支える橋脚の塑性変形を制御して，L1津波とL2津波のときと同じですが，構造的に粘り強い橋脚にします．津波に対する設計と耐震設計のコンセプトが，社会的基盤施設の被害の観点から「点と線」でつながっています．

第8章
原発事故による放射性物質の長期的環境動態とその影響

田村憲司・辻村真貴・山路恵子・恩田裕一

　2011年東北地方太平洋沖地震の津波によって発生した原子力発電所事故（以下，原発事故）によって，大量の放射性物質が放出されました．ここでは，主に半減期が長い放射性物質セシウム134と137に注目して，森林や土壌中のどこに放射性物質が分布し，吸着されているのかについて説明した後に，水の動きに伴って放射性物質がどのように移動・変化していくのか（動態）について説明します．また，微生物と植物の共生によって実現する放射性物質の吸収や，今後重要となってくる放射性セシウムで汚染された森林土壌の除染について説明します．

8.1　原子力発電所事故による放射性物質放出

　2011年東北地方太平洋沖地震による地震動と津波によって，福島県双葉郡大熊町と双葉町に位置する福島第一原子力発電所（以下，福島第一原発）は大きな被害を受けました．3月12日15時36分には，原子炉建屋内で発生した水素爆発によって屋根や外壁が破損し，放射性物質が環境中に放出されました．環境中に放出された放射性物質は風や降雨により地表面付近に到達し，植生に付着したり，土壌に吸着されたりしました．放射性物質の一部は，土壌水，地下水，湧水，渓流水，河川水，海水などの水循環によって移動し続けています．

　放射性同位元素には様々な種類がありますが，特に揮発性の高い元素が大気中に放出されやすい傾向があります．福島第一原発の原子炉からの総放出量

は，ヨウ素 131 が約 1.6×10^{17} Bq（ベクレル）[1]，セシウム 134 が約 1.8×10^{16} Bq，セシウム 137 が約 1.5×10^{16} Bq などと報告されています．ヨウ素 131 は半減期が 8.04 日であるのに対し，セシウム 134 は 2.06 年，セシウム 137 は 30.2 年と長く，セシウムが長期間にわたり環境中に存在し続けることが懸念されています．セシウムは粘土のような細かい粒子に吸着しやすいという特徴を持っていて，多くは固定態[2]として土壌に吸着されますが，吸着されない部分はイオン交換態[3]として水に溶けて存在しています．また，セシウムは人体への影響も懸念されているため，原発事故後のセシウムの動態，放射性物質がどのように水循環に取り込まれるかについて調べる必要があります．

　福島第一原発事故と同規模な事故として，1986 年 4 月 26 日に発生したチェルノブイリ原発事故があります．国際原子力機関（IAEA）によると，同事故の際にセシウム 134 は約 4.7×10^{16} Bq，セシウム 137 は約 8.5×10^{16} Bq が大気中に放出されて地上に降下したこと（フォールアウト）が確認されています．日本分析センターによると，青森県で 1983～2002 年まで測定された大気中のセシウム濃度の長期変動を見ると，1983～1986 年まではおおむね 1 Bq/m^2 以下でしたが，チェルノブイリ原発事故のあった 1986 年 4 月には，99 Bq/m^2 と急激に値が上昇しており，日本にまで影響が及んだとのことです．

8.2　陸域生態系における放射性物質の動態と環境影響

　東日本大震災の原発事故に伴い放出された放射性物質は，かなり広範囲にひろがりました．恩田らは，放射性セシウムの陸域，および水域生態系の動態を明らかにしてきました（**図 8.1**）．ここでは，その詳細を説明します．

　この調査では，① 森林から土壌への放射性物質の移行状況調査，② 土壌中の放射性物質の分布状況確認と下層への移動確認，③ 土壌水，地下水，渓流水の水循環系における放射性物質の移行状況調査，④ 森林や様々な土地利用の土壌からの放射性物質の巻き上げ状況確認，⑤ 土壌侵食による放射性物質の流出状況確認，⑥ 湖沼・ため池における放射性物質の堆積状況確認について，大学等が連合して調査を実施しています．本節では，①，②で明らかになった森林での放射性セシウムの汚染状況と，放射性セシウムの土壌中の下層への

第 8 章　原発事故による放射性物質の長期的環境動態とその影響　　139

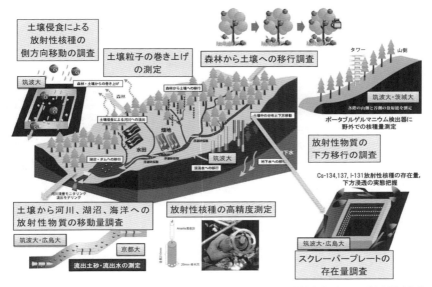

図 8.1　福島陸域・水域モニタリング大学連合チームによる陸域生態系および水域生態系の放射性核種のモニタリング

移動について述べることにします.

　福島県川俣町山木屋地区の森林では，スギ壮齢林および落葉広葉樹林に観測用のタワーを設置し，高さごとに生葉と枯死葉を採取してセシウム 137 およびセシウム 134 の放射能の量[4]の測定をしました（**図 8.2**）．**図 8.2** に示されている放射能の量の分布より，スギ林と落葉広葉樹林では，放射性セシウムの汚染状況が大きく異なることがわかりました．スギ林では，セシウム 137 およびセシウム 134 により，植物体の生葉，枯死葉ともに高濃度の汚染が観測されていますが，落葉広葉樹林の植物の地上部は，ほとんど放射性セシウムに汚染されていません．これは，原発事故により放射性セシウムが放出された 3 月には，常緑樹であるスギ地上部は多くの葉で覆われていましたが，落葉広葉樹林はまだ葉が出ていなかったことが原因だと考えられています．一方で，スギ林および落葉広葉樹林ともに，林の地面に堆積した落葉などからは多量の線量が出ていることが明らかとなりました．

(a) スギ林

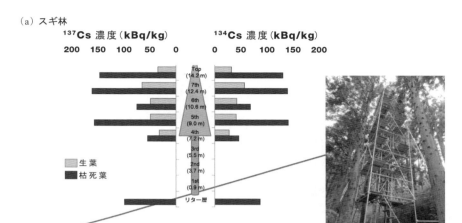

(b) 落葉広葉樹林

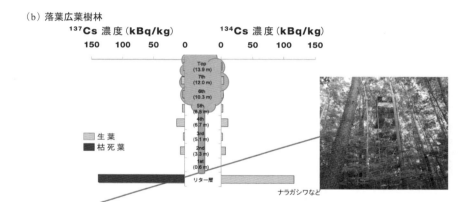

図 8.2　森林内の高さ別の放射性セシウムの分布

　地表面にしか放射性物質がない場合，空間線量率[5]は地表から高くなるほど低くなりますが，スギ林内は，樹冠（幹や茎から伸びる枝や葉が繁っている部分）に顕著に放射性セシウムが付着しているため，樹冠に近いほど空間線量率が増加する傾向にありました．また，落葉広葉樹林内の樹木の葉は生育途中であったことから，降下した放射性セシウムは葉に蓄積されずに土壌表層の落葉等のリター層[6]に直接付着したため，リター層への放射性セシウム量がスギ林

に比べて大きくなり，地表面に近いほど，空間線量率が増加する傾向にありました．

次に，土壌中の放射性物質について考えてみましょう．一般に，土壌へ降下したセシウム等の放射性物質は，土壌中の粘土粒子や腐植などの土壌有機物に吸着保持されるため，土壌表層にとどまるといわれています．

土壌の深度方向の放射性セシウムの分布を調べるため，土壌の採取には，IAEAが土壌断面中の放射性物質を測定するために標準的に使用しているスクレーパー法を用いました．地表面から深さ $0～5\,\mathrm{cm}$ の土壌は $0.5\,\mathrm{cm}$ 間隔で，深さ $5～30\,\mathrm{cm}$ の土壌は $1.0\,\mathrm{cm}$ 間隔で採取して放射能の量を測定しました．これによって，土壌とリター層の放射性セシウムの存在量を求めることができます．各測定地点における放射性セシウムの $1\,\mathrm{m}^2$ 当たりの放射能の量は，セシウム134では $2.1～9.0\times10^5\,\mathrm{Bq/m^2}$，セシウム137では $2.5～10.4\times10^5\,\mathrm{Bq/m^2}$ の範囲でした．

各測定地点の放射性セシウムの深度方向の変化（広葉樹林，放牧草地，水田）を「$1\,\mathrm{kg}$ 当たりの放射能の量」（放射能濃度）で図 8.3 に示します．いずれの地点においても，土壌中の放射性セシウムは表層 $2\,\mathrm{cm}$ の土壌にその大部分が吸着されていましたが，地点により分布に違いが認められました．リター層と土壌を比較したところ，広葉樹林では，地表面に沈着した放射性セシウムの総存在量の約 90% が，地表に集積したリター層などに吸着されていることがわかります．一方，放牧草地では，およそ深さ $4.0\,\mathrm{cm}$ まで放射性セシウムの放射能濃度は比較的高く，他の地点と比べて，放射性セシウムが深部まで浸透していることが確認できます．また，水田では，土壌表層よりもやや深い深度（深さ $0.5～1.0\,\mathrm{cm}$）において，放射性セシウムの放射能濃度が最も高い値をとりました．

現時点では，根から吸収されて葉に移行した放射性セシウムの量は，葉へ直接付着した放射性セシウムの量と比べると非常に小さいものと考えられます．森林土壌中の放射性セシウムの存在量は，時間とともに変化しています．スギ林の林床（林の地面）では，時間経過とともに放射性セシウムの量が増加傾向でしたが，落葉広葉樹林の林床においては放射性セシウムの量が減少傾向であることが確認されました．この理由として，常緑のスギ林では，森林に降下し

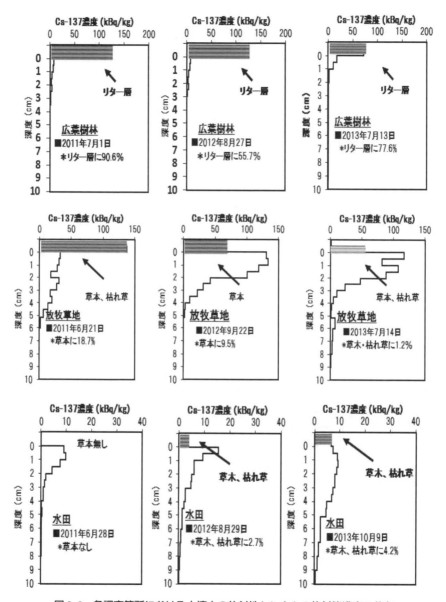

図 8.3 各調査箇所における土壌中の放射性セシウムの放射能濃度の分布

た放射性セシウムの多くが樹冠に捕捉されていて，その後，落ち葉となって，樹冠から林床への放射性セシウムの移行が継続的に起きていることが原因でした．一方，落葉広葉樹林では，地表のリター層に吸着している放射性セシウムは，雨水の浸透に伴い土壌深部へ移動していました．森林内の放射性セシウムの分布と移行状況を定量的に把握するためには，継続的な林内雨（林の中の雨）および樹幹流（幹の表面を流れる雨）のモニタリングが必要です．

現状において森林内の空間線量率を低減するためには，広葉樹林では地面に堆積しているリター層を除去することが効果的であるといえます．他方で，スギ林では，樹冠付近の生葉や枯死葉に付着した放射性セシウムの放射能濃度が高いことから，リター層のみではなく生葉や枯死葉も除去する必要があることがわかりました．

8.3 水循環系における放射性物質の動態

(1) 水循環と放射性物質の動き

流域の水は，水蒸気として大気中を移動し，凝結により降雨（降水）となり陸上にもたらされます．そして，水は，地面や水面からの蒸発，もしくは植物を介した蒸散により大気に戻る以外は，地表面を地表流として流れ下ったり，地表面から地中に浸透し，地下水流動を経て渓流や河川等の地表水に流出したりします（図8.4）．こうした水循環プロセスにおいて，水のみならず様々な物質や溶存成分も運搬されており，水は陸域における物質輸送の最大の媒体であるということができます．水により運ばれる物質には，炭素や窒素など自然の物質循環系を構成するものから，人間活動により付加された汚染物質まで，様々なものがあります．水循環プロセスには，学術的にも解明されていない部分が多くあります．環境中における水と物質の動態・循環プロセスを理解するためには，現地の同じ場所でのモニタリングによる実態解明が欠かせません．本章3節では，東日本大震災に伴い福島第一原発事故により放出された，放射性物質の水系環境における動態について，チェルノブイリ原発事故の結果と比較しながら，概説します．

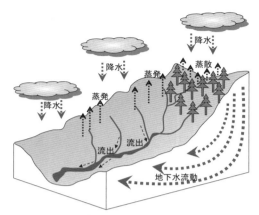

図 8.4 流域の水循環系を示す模式図

(2) 福島におけるセシウム 137 の水系への移行実態

まずは，チェルノブイリ原発事故後のセシウムの水系への移行について説明します．チェルノブイリ近傍のプリプヤット川で観測されたセシウム濃度の長期変動データ（**図 8.5**）を見ると，事故直後でもセシウム 137 は 1.0 Bq/L 程度であり，約 10 年間で 0.1 Bq/L と 10 分の 1 程度に低下していることが報告

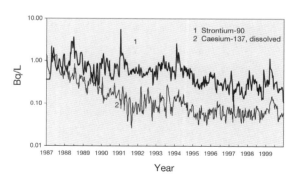

図 8.5 チェルノブイリ原発事故後において，近傍の河川で長期観測されたセシウム 137 濃度の変化
(IAEA, 2006)

第8章 原発事故による放射性物質の長期的環境動態とその影響　145

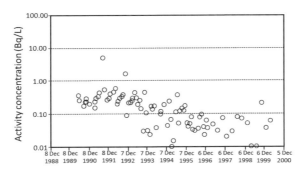

図 8.6　チェルノブイリ原発事故後において，近傍の浅層地下水において観測されたセシウム 137 濃度の長期変化（IAEA, 2006）

されています（IAEA, 2006）．また，チェルノブイリ原発から 10 km 圏内に位置する森林域の浅い層の地下水で観測されたセシウム 137 濃度も同様に（図 8.6），事故直後から約 10 年間で約 1.0 Bq/L から 0.1 Bq/L へと低下しました（IAEA, 2006）．すなわち，チェルノブイリ原発事故に伴い放出された放射性物質の水系への移行は，極めて少ないことがわかります．

図 8.7 は，様々な土地利用における放射性セシウムの水系および土砂への移行プロセスの模式図です．降雨等によって地表面にもたらされた放射性セシウムは，表層近くの土壌粒子に吸着されるとともに，一部が土壌水に溶け込み，土壌中を浸透し地下水へと移行します．土壌水や地下水は，渓流や河川等の地表水に流出します．また，地表面に浸透しない水は，地表流として地表面上を流下するとともに，水田や畑地等の地表面上の土壌を侵食し，土砂とともに渓流や河川等に流出します．このように，放射性セシウムは様々な経路を経て流域から流出していきますが，こうしたプロセスを丹念にモニタリングした研究は，あまりありませんでした．ここでは，福島第一原発から約 30 km 離れた，北部阿武隈山地に位置する福島県伊達郡川俣町山木屋地区（図 8.8）の土地被覆が異なる地点において，地表流とともに流出した土砂，浮遊砂，および渓流水，地下水に含まれるセシウム 137 濃度を，2011～2013 年の約 3 年間にわたり観測した結果を示します（図 8.9）．流出土砂とは，観測地点から流出し土

146

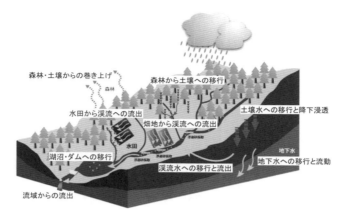

図8.7　様々な土地被覆条件における放射性同位元素の水系移行を示した模式図

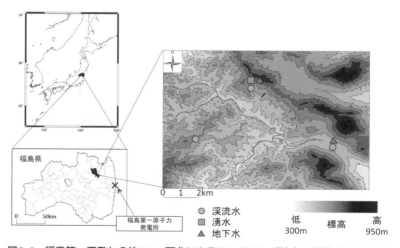

図8.8　福島第一原発から約30 km西北にあるモニタリング地点の位置（口絵参照）

砂溜に捕捉された土砂を示し，浮遊砂とは，渓流や河川水中を浮遊する細かい砂や粘土を示します．図の縦軸はセシウム137の濃度を示しますが，対数表示になっていることに留意して下さい．

　流出土砂および浮遊砂のセシウム137濃度は1,000～10,000 Bq/Lレベルで

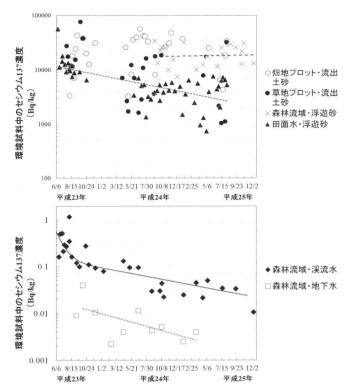

図 8.9 森林，畑地，水田，草地から流出した土砂に含まれるセシウム 137 濃度と，森林流域の渓流水および地下水に含まれるセシウム 137 濃度における，2011～2013 年の長期変動傾向
(Iwagami ほか，2015)

あるのに対し，渓流水および地下水のそれは 0.001～1 Bq/L レベルと，1,000～100 万倍の差があります．すなわち，土砂等の粒子に吸着しているセシウム濃度は，渓流水等に溶存しているそれに比べ，最大 100 万倍に達します．また，渓流水のセシウム 137 は約 3 年間でおよそ 10 分の 1 程度に，地下水のそれは検出限界以下に低下しており，速やかな濃度低下が見られることがわかります．

一方，畑地や森林域からの流出土砂や浮遊砂のセシウム137濃度は，約3年間10,000 Bq/Lレベル以上の値を示し減少傾向があまり見られないのに対し，水田および草地からの浮遊砂と流出土砂は，約3年間で10,000 Bq/Lレベルから1,000 Bq/Lレベルへと比較的速やかな低下傾向を示しています．土地利用形態により，降雨等により侵食される土砂に含まれるセシウム137の動態に顕著な違いが認められるという事実は注目すべきもので，注意深くモニタリングを継続する必要があります．

降雨等とともに地表面にもたらされた放射性セシウムは，土粒子等に吸着して運搬される傾向にありますが，降雨出水時において一時的に渓流水のセシウム137濃度が上昇する現象も観測されています．地下水の滞留時間が20〜30年程度であるということを考慮すると，各土地利用形態の水系および土砂等における放射性物質のモニタリングは，少なくとも10年程度以上の時間スケールで継続する必要があるといえます．

8.4 植物と微生物との相互作用における放射性セシウムの挙動

(1) 植物と微生物との相互作用

人間の体に腸内細菌などの微生物が存在するように，植物の内部にも様々な微生物が生息しています．根の内部や根の周囲（両方を合わせて根圏と言います）で生息する微生物の中には，植物成長に必要な栄養元素の吸収を助けるような微生物や，植物の環境ストレス耐性を高めるような微生物が生息しているため，植物にとって微生物との共生関係（相互作用）は大変重要です．原発事故により放出されたセシウム137，セシウム134の半減期はそれぞれ30.2年，2.06年と長期であるため，土壌への吸着，植物（特に作物可食部）への吸収移行が懸念されています．本節では，放射性セシウムが植物と微生物の相互作用にどのような影響を与えるのかまた，植物における放射性セシウムの挙動にどのような影響をもたらすのか，チェルノブイリ原発事故以来行われてきた研究例を示しつつ説明します．

(2) 植物─微生物共生系における放射性セシウムの吸収

　土壌中に降下した放射性セシウムは，水に溶解すると陽イオンとなり，土壌有機物や粘土鉱物由来のマイナスの電荷を持つ部分に強く吸着されるため，植物や微生物が容易に吸収できる形になっていないと考えられています．植物や微生物が放射性セシウムを吸収するには，まずは土壌に強く吸着されている放射性セシウムを溶かす必要があります．セシウムは，必須栄養元素であるカリウムと似ているため，カリウムと同様のメカニズムで根から吸収されると考えられており，実際に多くの樹木，作物に放射性セシウムが吸収・蓄積されていることがわかっています．また，植物と相互作用する根圏の微生物の中には，放射性セシウムを蓄積する外生菌根菌や放射性セシウムを蓄積する細菌が確認されています．

　植物における放射性セシウム吸収能力に関する報告例は多数ありますが，「植物の種類の差や，品種の差は大きい」という結果になっています．例えば，80〜90％の陸上植物の根に共生し，植物の栄養元素吸収を助けるアーバスキュラー菌と植物との相互作用においてもこれらのことが確認できます．植物とアーバスキュラー菌が共生することで，植物の放射性セシウム吸収量が減少した例，増加した例，変化がなかった例などが知られています．このように結果が異なる理由としては，① 試験に使用した土壌の違い，② 栄養元素であるカリウムやリンの要求性が植物によって異なるため，アーバスキュラー菌の反応が異なる，③ アーバスキュラー菌の宿主特異性（共生する植物の種類の特異性）が変動する，などの要因が考えられています．野外で検出されている放射性セシウム濃度は植物には毒性を示しませんが，微生物の生育速度や代謝を変化させることもあると考えられていますので，微生物の性質が変化した結果，植物との相互関係が変化するという可能性は大いにあるといえます．

(3) 重金属蓄積性植物と微生物の相互作用における放射性セシウムの挙動

　重金属が豊富な環境で生育する植物は，その特殊な環境に適応するために進化してきたと考えられ，植物と微生物の相互作用においても特殊な例があることがわかっています．近年になって，根圏の微生物は宿主である植物の金属元

素の蓄積に関係していることが明らかとなってきました．重金属を高濃度で蓄積する植物（重金属蓄積性植物）に焦点をあて，蓄積メカニズムを微生物との相互作用の点から解析を行った研究例としては，亜鉛を蓄積するグンバイナズナ（アブラナ科の一年生植物）の一種やドクゼリ（セリ科の多年草），鉛を蓄積するセイヨウアブラナ（アブラナ科の二年生植物）の例があります．土壌中の重金属は，植物が容易に吸収しやすい形態では存在していないと考えられています．したがって，植物の根圏微生物がシデロフォアという金属元素と錯体[7]を形成する化合物をつくることで重金属を土壌から溶かし出し，植物の重金属吸収を促進していることになります．

シデロフォアは微量必須栄養元素である鉄が不足した環境において，鉄分を吸収するために，イネ科植物の根から放出される化合物として発見されました．シデロフォアは siderophore と書きますが，sidero には「鉄」，phore には「運ぶもの」という意味があります．シデロフォアは土壌中の不溶態の鉄と結合し錯体をつくることで鉄を溶出し，その溶出した鉄を，植物は吸収すると考えられています．その後の研究で，シデロフォアは鉄のみならず他の多くの元素と結合することがわかり，これまでに500種類以上のシデロフォアが発見されています．これらは不溶態の鉄，アルミニウム，カドミウム，銅，ガリウム，インジウム，鉛，亜鉛などの重金属や，放射性元素のウラン，ネプツニウムを植物が収集できる形に溶かします．また，シデロフォアは植物がつくるだけでなく，微生物もつくることがわかっています．

このような重金属蓄積性植物の特殊な無機元素吸収メカニズムと同様のメカニズムが，放射性セシウムの吸収に関与していることが考えられます．例えば，マンガンを高濃度に蓄積する可食植物であるコシアブラは，高濃度に放射性セシウムを吸収しています．

重金属蓄積性植物における，微生物の関与した放射性セシウム吸収について具体的に考えてみます．重金属環境下で生育する植物であるクサレダマは根に高濃度のカドミウムを蓄積し，シダ植物であるヘビノネゴザは，根に高濃度のアルミニウム，銅，鉛を蓄積することが知られています．原発事故後，これらの植物の地上部および根に放射性セシウムの吸収が確認されました．植物体のセシウム137濃度を根圏土壌のセシウム137濃度で割って算出される，土壌か

らのセシウム 137 の吸収の指標となる「セシウム 137 の移行係数」というものがあります．移行係数が 1 より大きければ，土壌よりも植物におけるセシウム 137 濃度が高いことを示しており，値が大きければ大きいほど植物がセシウム 137 を吸収しやすいという傾向を示します．セシウム 137 の移行係数は，クサレダマ地上部，根で 1.1 および 3.5，ヘビノネゴザ地上部，根で 6.7 および 3.6 と比較的高い値を示しました．また，両植物の根に生息する細菌にはシデロフォアをつくる能力があることもわかりました（図 8.10）．実際，放射性セシウムを蓄積するニセコムギダマシの根圏細菌のシデロフォアが粘土鉱物（イライト）に強く結合する放射性セシウムを溶かし出したとの報告もあります．シデロフォアは粘土鉱物中のアルミニウムや鉄を溶出することができるので，これらが溶出した結果，粘土鉱物の構造が変化し，粘土鉱物に強く結合している放射性セシウムが溶出されると考えることもできます．

以上のことから，重金属蓄積性植物の根圏微生物がシデロフォアをつくることで，土壌から放射性セシウムを溶出し，その溶出した放射性セシウムを植物が吸収していると考えられます．

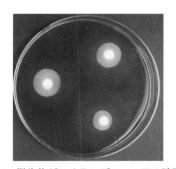

図 8.10 微生物がつくるシデロフォアの確認方法
鉄とクロムアズロール S という色素が結合した状態（青色）で入っている寒天培地で，微生物（写真の 3 箇所の丸い小さなディスクの部分）を生育させます．細菌がシデロフォアを産生すると，クロムアズロール S が鉄からはずれ色素の黄色が見えるようになります．写真内のスケールバーは 1cm です．

(4) 植物—微生物系の放射性セシウム吸収メカニズムの解明に向けて

　植物はそれ自身のみで生きているのではなく，様々な微生物との相互作用を介して生きています．東日本大震災以降，環境問題として浮上した人工放射性物質は，私たちが日々食する作物において高濃度で取り込まれた場合，健康被害を引き起こす可能性が懸念されています．植物における高濃度の放射性セシウム吸収を避けるためだけでなく，植物の環境修復による放射性セシウム汚染土壌の改善のためにも，植物における吸収メカニズムを明らかにすることは極めて重要です．放射性セシウムの吸収メカニズムの解明をするために，土壌学，植物栄養学，植物生理学，林学，微生物学等の研究者たちによって，様々な視点から研究が行われています．本節(3)で紹介したような特殊な植物である重金属蓄積性植物における放射性セシウムの吸収メカニズムは，植物と微生物との相互作用が大きく影響しているというモデルケースの一つです．野外で生育する植物において放射性セシウム吸収メカニズムを考える際には，植物と微生物との相互作用が重要であるといえます．

8.5　放射性セシウムの除染

　原発事故により大量の放射性物質が広範囲に放出されました．復興のため早急に除染を行う必要がありますが，福島県の県面積の約8割が山地のため，全域をただちに除染することは困難です．そこで，早期の除染が必要かつ除染の行いやすい場所である福島県いわき市湯ノ岳のスギ林の除染について考えます．湯ノ岳は震災前に，児童の林業体験の場として利用されていましたが，現在は放射性物質の汚染のため利用されていません．このスギ林を元の森である児童の学びの場として復元する必要があります．

　調査地のスギ林（**図8.11**）はNPO法人いわきの森に親しむ会が維持管理していて，立木面積が1,350本/ha，方位S10°E，傾斜22°です．まず，調査地の斜面中腹より5種類の試料（リター層），表層土壌，2011年に成長した枝・葉，2012年に成長した枝・葉，腐植していない落ち葉を2012年10月7日に採取し，それぞれのセシウム濃度を測定しました．本調査では放射性セシウムを含むスギ林をバイオマスの燃料として燃焼させる計画があるため，500〜

1,000℃の温度別に燃焼させた後の放射性セシウムの遊離量も測定しました．

続いて2013年9月22日に行った除染活動では15×45 m区間のリターを除去し，非除染区と放射線量の比較を行いました．

森林内の除染物で最も濃度が高い箇所はリター層でした．そのリター層を除去すると，放射線の空間線量率が0.31 μSv/h（マイクロシーベルト／時）から0.22 μSv/hに低減しました（**図8.12**）．

リター層の放射性セシウムの形態は約90％が残渣として構造的に強く固定

図8.11　湯ノ岳のスギ林内（左：除染区，右：非除染区）

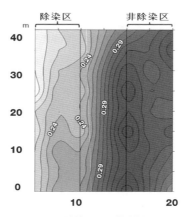

図8.12　除染による放射線量の低減（単位はμSv）

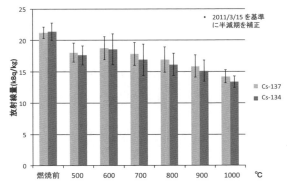

図 8.13　燃焼温度を変えたときのリター燃焼物中の放射線量（平均値±標準偏差で表示）

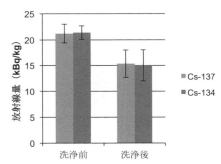

図 8.14　Oe 層の洗浄による放射線量の変化（平均値±標準偏差で表示）

されていました（水溶性セシウム 0.2％，交換態セシウム 3.4％，有機態セシウム 8.5％）．しかし，1,000℃の燃焼を経ると約 15％が水溶性，交換態のセシウムになるために，容易に溶出することが示唆されました（図 8.13）．したがって，除染物の減容化の際に発生する灰の処理，管理に関してこれらの結果を考慮する必要があるといえます．リター層を界面活性剤で洗浄すると，表面に付着したエアロゾルなどの微粒子中に存在している放射性セシウムが洗い流されて，放射線量が約 30％低減しました（図 8.14）．このことから，リター内のセシウムの 18％以上がリター層中の物質表面に付着した微粒子内に存在してい

ると考えられます．リター層に含まれる放射性セシウムの処理は，このようなことを考慮して行うことが望ましいといえます．

註

1) 放射性物質が1秒間に崩壊する原子の個数．
2) 土壌中の粘土鉱物の層と層の隙間に入り込んで，しっかりと物質が保持された状態．
3) 電気的に吸着された物質の状態．
4) 放射性物質が1秒間に崩壊する原子の個数．単位はBq（ベクレル）を用いて表します．
5) 対象とする空間の単位時間当たりの放射線量．単位はGy/h（グレイ／時）．
6) 森林において地表面に落ちたままの状態で，土壌生物によってほとんど分解されていない葉・枝・果実・樹皮・倒木などが堆積している層．
7) ここでは金属錯体（金属と非金属との化合物）のことを指します．

参考文献（アルファベット順）

Chiang, P.N. *et al.* (2011) Effects of low molecular weight organic acids on ^{137}Cs release from contaminated soils. *Applied Radiation and Isotopes*, 69, 844–851.

International Atomic Energy Agency (IAEA) (2006) Environmental Consequences of Chernobyl Accident and Their Remediation: Twenty Years of Experience -Report of the Chernobyl Forum Expert Group 'Environment'-. IAEA Library Cataloguing in Publication Data, Vienna, Austria, 166.

Iwagami, S. *et al.* (2015) Temporal changes in dissolved ^{137}Cs concentrations in groundwater and stream water in Fukushima after the Fukushima Dai-ichi NPP accident. *Journal of Environmental Radioactivity,* http://www.sciencedirect.com/science/article/pii/S0265931X1500096X

山口紀子ほか（2012）土壌-植物系における放射性セシウムの挙動とその変動要因．農業環境技術研究所報告，31，75–129．

第9章
人間行動と社会的影響

糸井川栄一・梅本通孝

　東北地方太平洋沖地震では，沿岸地域に巨大な津波が襲来し多くの人命が失われるとともに，内陸地域においても地震動による建物被害，ライフライン被害等，様々な被害が発生しました．そうした物的環境の変化は，直接的な人的被害の他，そこに暮らす人間の社会的環境にも変化をもたらします．また，早期の復旧・復興のためには人々が被災後にどう対処していくかが重要です．そこで本章では，仙台市周辺のマンション住民の避難行動と茨城県潮来市の液状化被災地における住民の転居／居住継続問題を例に取り上げ，大規模地震後の人間行動と社会的影響について考えていきます．

9.1　地震による住居の室内被害と避難行動

　我が国では，地震をはじめとする各種災害に対しては，災害対策基本法に基づき防災基本計画をはじめとする様々な対策が国・都道府県・市町村において実施されています．首都直下地震が想定される首都圏では，人口集中等により，地震時に避難所の不足，帰宅困難者の発生等の問題が懸念されています（中央防災会議，2012）．特に，都心居住が進展し高層マンションが数多く立地し高密度な居住形態が増加する都心地区においては，人口集中による避難所不足の問題が顕在化しています．

　つまり，近年の耐震性能に優れたマンションは戸建て住宅と比較して構造上の優位性はあるものの，マンション単独の問題ではないライフライン停止などの機能的な被害や，免震構造など一部の構造を除いて地震発生時に懸念される室内の家具転倒などの被害は免れられません．そのため，マンションに構造上の被害がない場合であっても，住民が生活上の支障からマンションを離れて外

部の施設等で避難生活を行うための避難[1]行動をとる可能性が懸念されています．

このような懸念が現実に発生すれば，都心地区を中心として避難者を受け入れる避難所の収容量を超過してしまうことは，現実の避難所の整備状況を考えると容易に推察できます．建物倒壊や火災によって家を失い，真に収容空間としての避難所を必要とする被災者を避難所に収容可能とするために，マンションが数多く立地する地方自治体では，マンションの地震発生後の自立した対応を求める対策を始めています．このためにも地震発生時のマンション住民の意識，対応を把握しておくことは大変重要です．

これまでの関連研究では，ライフラインの機能被害以外のどのような要因が避難行動に影響を与えているか，十分に検討されていませんでした．そこで本節では，東日本大震災で被害を受けた仙台市を中心とするマンションにお住まいの住民の方を対象として実施したアンケート調査結果を紹介することにより，マンション住民の地震時における自立を促すための条件について考えてみたいと思います．

(1) **アンケート調査内容**

アンケートの設問内容の概要は**表9.1**の通りです．またこの調査は，特定非営利活動法人東北マンション管理組合連合会の協力のもと，**表9.2**の要領で調査を実施したものです．

表9.1 アンケート調査内容

① 地震による室内被害の状況　② 地震によるライフライン被害の状況　③ 地震発生後の各種生活の支障状況　④ マンション内での住民間共助の状況　⑤ 地震発生後の生活に関する認識　⑥ 地震発生後の自宅外での生活の検討の有無（自宅生活継続票のみ）　⑦ 地震発生後の避難状況（避難実施票のみ）　⑧ 防災対策に対する認識　⑨ 日常の交流意識　⑩ 防災対策の実施状況　⑪ 個人属性

表9.2 アンケート調査実施概要

実施日程	2011年10月21日～2012年1月31日
対象地域	仙台市，多賀城市，その他東北3県
対象者	特定非営利活動法人東北マンション管理組合連合会に加盟するマンションの全住民
調査方式	アンケート（選択式・記述式）
抽出・配布	連合会に加盟するマンション管理組合理事長宛てに世帯数分のアンケート調査票を送付し，マンション管理組合にて各世帯に配布を依頼
配布管理組合	151組合
配布数	11,451票（全戸配布）
回収	郵送回収
回収管理組合	138組合（91.3%）
回収票数	3,444票（30.1%）
有効票数	3,439票（30.0%）

(2) 回答世帯者の防災対策状況

図表は省略しますが，調査対象としたマンション住民の防災備蓄は，懐中電灯の備蓄率が高いものの，地震発生後の生活に必要な非常食や飲料水はおよそ半数でした．また，地震によりライフラインが停止した場合の用便のための簡易トイレの備蓄は14%にとどまっています．事前の家具転倒防止措置については42%の世帯が実施しておらず，すべての家具に家具転倒防止措置を実施している世帯は全体の11%にとどまっています．

(3) 東日本大震災の室内被害状況とその特徴

図9.1は食器類の破損被害を示しています．82%の世帯で被害が生じ，このうち「ほとんど割れた」と回答した大きな被害は21%の世帯で見られました．家具の転倒被害について尋ねた結果（図9.2）について見ると，59%の世帯で家具の転倒が発生していることがわかります．また，このうち「ほとんど転倒した」と回答した大きな被害は全体の15%の世帯で発生しています．なお，これ以降に示す各構成比グラフでは，割合を四捨五入し丸めて表記しているため，その合計が100%にならない場合もあります．また，図中のnはサンプル数を示します（以下，同様）．

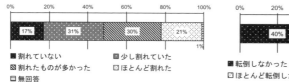
図9.1 食器破損状況 (n=3,439)

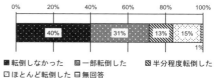
図9.2 家具転倒状況 (n=3,439)

　その他テレビ転倒などの被害も含めて室内被害を見てみると，食器類の破損が最も多く発生しています．これは，食器類の固定，食器棚の扉の開放抑止などの対策が日常生活の利便性との兼ね合いから難しいこと等の要因により，他と比較し高い割合で発生しているものと考えられます．これらの室内被害の状況を総合して，地震被災後の居住継続が可能かどうかについての主観的評価を尋ねた結果が**図9.3**です．これによれば，11%の世帯が全く住める状況ではないと答えていることがわかります．この結果から，ライフライン被害のみでなく，地震による居室内被害が避難行動に影響を与えていることが強く示唆されます．

(4) **マンションの特性による被害状況の違い**
　マンションの建築年と家具・テレビ転倒状況の関係は建築年が新しいほど被害が少ないという明らかな傾向が見られます（資料略）．また，居住階と家具転倒状況について分析を行った結果について見ると，階数が高いほど家具転倒

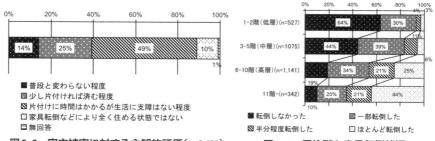

図9.3 室内被害に対する主観的評価(n=3,439)　　図9.4 居住階と家具転倒状況

状況が大きい明確な傾向が見られます（**図 9.4**）．この傾向は，テレビ転倒状況も同様です．

(5) 避難実施状況とその要因

図 9.5 は，収容避難実施の有無の状況を示したものです．全体の 32% の世帯で避難を実施したことがわかります．仙台市を中心としたマンションにおいては，建築基準法上の倒壊にあたるマンションはなかったのですが，この図からわかるように，相当の割合で収容避難が発生していたことが判明しました．**図 9.6** は避難した時期について示したものです．避難した世帯のうち，73% の世帯で当日の避難を行っていたことになります．地震発生後 3 日目までに避難した世帯は全体の 84% でした．

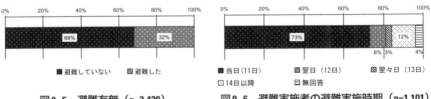

図 9.5　避難有無（n=3,439）　　　図 9.6　避難実施者の避難実施時期（n=1,101）

図 9.7 で避難者の避難理由について見ると，自宅で生活を継続する上で，余震に対する身の安全確保への不安が避難理由として最も大きく，次いで身内や親戚の誘いがきっかけとなっています．一方で，ライフラインの停止による復旧の見通しや生活上の不安を理由とする避難は，既往研究の指摘に反して少ない状況にあります．これは，当日の避難が 73% を占めていることから，生活上の支障を負担と感じる前に避難を実施していたため，避難の理由として生活上の支障があまり挙がらない状況であったことが影響していると推察されます．

前述の避難理由を「建物構造・余震の不安」「生活の不便・負担」「他人からの誘い・指示」「その他」の四つの項目に再分類し，これらの避難理由と，避

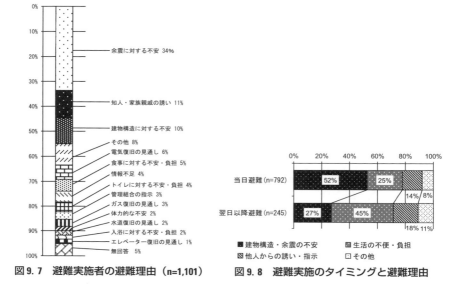

図9.7 避難実施者の避難理由（n=1,101）　　図9.8 避難実施のタイミングと避難理由

難のタイミングについて見たものが**図9.8**です．当日の避難と翌日以降の避難では，当日に避難を実施した世帯は，建物構造・余震の不安から避難を実施している傾向が高く，翌日以降に避難を実施した世帯は，生活の不便・負担による避難を実施する傾向が見られ，前述の推察が裏付けられます．

年齢層と避難の有無・タイミングの関係について見ると（**図9.9**），若い世代の世帯ほど多くが早めに避難しており，特に直後の避難ではその傾向が顕著になっています．避難理由との関係について見てみると（**図9.10**），高年層ほど生活上の不便により避難を実施している傾向が見られます．これは，避難に対して，若・中年層の方が能動的に避難を実施し，高年層は受動的に避難を実施している傾向を示していると考えられます．また，家族構成では未就学児のいる世帯の方が避難傾向にあり，長期療養者のいる世帯の方が自宅に留まり生活を継続する傾向があります．未就学児がいることと若い世代であることとは互いに相関が高いと考えられ，これらが直接的・間接的に避難を促す要因になったといえます．

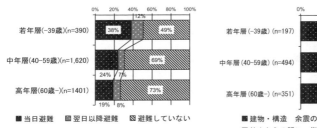 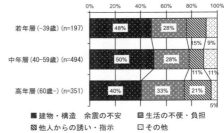

図9.9　年齢と避難行動　　　　　　　図9.10　年齢と避難理由

さらに，避難を実施しなかった世帯でも，自宅外での生活を検討した世帯は21％おり，その時期は地震直後が最も多く58％となっています．つまり，この地震の場合には，実際に避難した世帯と同様に，ライフライン停止による生活上の支障を感じる前に避難をするかしないかを検討する傾向にあることがわかります．検討した避難先について見ると，避難した世帯が知人・親戚宅を考えた場合が多いのに対して，避難しなかった世帯は避難所の利用を検討した割合が高くなっていました（45％）．これは，アンケート票の自由記述欄の記述内容から判断して，結果的に避難所に避難しなかったという場合でも，避難所が混雑していたためその利用を断念したなどの状況があることがうかがえます．

(6) 事前対策と住民間共助の重要性
1) 事前対策と避難行動

マンション住民が地震発生後の自立した対応をとるためには，地震時の被災を考慮して事前対策をとっておくことで，被災時の生活上の困難を緩和することが期待されます．ここでは，防災の事前対策と避難行動の関係について，前述の調査結果を見ていくこととします．

家具転倒防止措置と実際の家具転倒状況の関係について見たものが**図9.11**です．この図から，すべての家具に転倒防止対策を実施している方が，転倒被害が少ない傾向があることがわかり，家具の転倒防止対策は実際の地震時に効果があることが確認できます．一方で，すべての家具に転倒防止措置を実施し

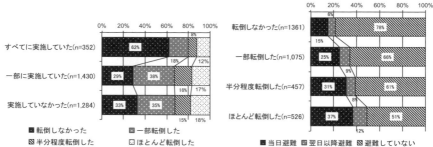

図9.11 事前の家具転倒防止策の実施と家具転倒状況

図9.12 家具転倒と避難行動

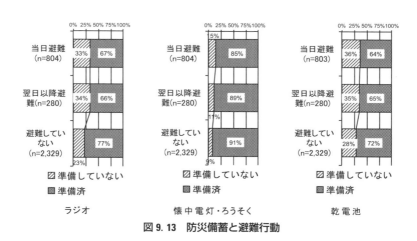

図9.13 防災備蓄と避難行動

ていても，すべての家具が転倒したと回答した世帯が全体の12%見られます．実施するだけではなく，固定の確認・正確な方法等を行っていないと転倒につながる可能性があることがいえます．

図9.12は家具転倒状況と避難の有無の関係について見たものですが，家具転倒の被害が大きいほど，避難を行う傾向にあることがわかります．また，被害程度の大きさによる影響は，翌日以降に比べ当日の避難の方が大きくなっています．また，食器破損やテレビ転倒にも同様の傾向が見られました．このことから，前述した余震に対する不安とともに，家具等の転倒，食器の破損等に

よる生活に必要な空間と生活器財の喪失が生活の質を維持することを困難にさせ，避難実施に大きな影響を与えていることが推察されます．

　事前の防災対策として，防災備蓄も自立的な避難生活をするための有力な手段です．事前の防災備蓄の有無が避難実施に影響しているかを明らかにするために，事前の防災備蓄対策に関する設問項目「非常食」「飲料水・生活用水」「簡易トイレ」「ラジオ」「懐中電灯・ろうそく」「乾電池」の備蓄有無と，避難行動の関係について見てみます．

　分析した結果では，非常食，飲料水，簡易トイレの備蓄品事前準備の有無は，避難行動の有無に影響していないと判断されました．これに対して，懐中電灯，乾電池，ラジオを備蓄していない世帯の方が避難をする傾向が見られます（**図 9.13**）．東日本大震災における避難行動では，非常食，飲料水，簡易トイレが必要になる以前に，建物構造・余震の不安が大きく，関連する情報の取得手段（ラジオ）と，身の安全を図るための様々な対応行動のために地震当日から必要になる物品（懐中電灯）の備蓄がない場合に，それを解消するための避難行動が促進されていると考えられます．

2） マンション住民の共助と避難行動

　マンション住民同士が平常時からマンションの管理や催事での関わり合いを持ち，活発な管理組合・自治会等の活動が図られたり，住民同士の交流が密接に行われていたりする場合には，非常時に管理組合・自治会のリーダーシップとともに生活困窮に関する住民間の互恵関係が期待され，被災時における生活の質を高め，地震後のマンションでの自立した対応の可能性を高める可能性があります．

　そこで，地震発生後の住民間の共助の実態を把握するため，普段の付き合いの程度の違いによる住民間の共助（生活上の支障に関する共助）について見てみます．なお，共助の状況については，自宅で生活を継続した世帯についてのみ分析の対象としています．この理由は前述したように，避難をした世帯は当日に避難した割合が高く，共助を実施する前に避難をしている世帯が多いと判断され，適切な検討が行えないと考えたためです．

　普段の付き合いの状況と共助の実施状況の関係を**図 9.14**に示します．支援をし，かつ支援されるという相互支援の傾向は，普段の付き合いがある人ほど実

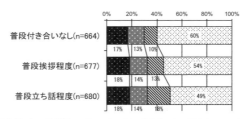

図 9.14 共助の実施状況（自宅生活継続者）

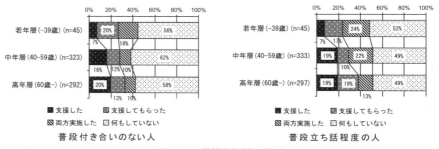

普段付き合いのない人　　　　　　普段立ち話程度の人

図 9.15 世帯主年齢と共助

施する傾向が見られます．その一方で，支援を受ける，実施するのいずれか片方のみ実施している人は，普段の付き合いの程度の違いで大きな変化は見られません．つまり，一方向の支援ではなく相互に支援を実施するという点では，普段の付き合いがある人に対する方が実施されているということができます．

また，共助の実施状況と年齢の関係を見たものを図 9.15 に示します．普段の付き合いの程度の違いによって，年齢層と共助実施の有無との関係に大きな傾向の違いは見られません．支援のみを実施している世帯は，付き合いの程度に関係なく高年層ほど高い傾向があります．一方で，支援をし，かつ支援されるという相互支援を実施している世帯は，若年層ほど高くなる傾向があります．これは，マンションの管理組合や自治会等の組織的支援を実施する立場として高年層の方が多く，一方で，日常の子供などを介した個々のつながりにより，相互に支援を行う傾向が若年層に多いためと考えられます．

(7) 災害時におけるマンション住民の自立のために

　東日本大震災の限られたケースであるという制約はありますが，避難所や親戚・知人等への避難実施の要因として，余震に対する不安が大きな要素であったという結果は注目すべき事項です．構造的に優位性のある新しいマンションであっても，ライフラインの途絶等に伴う生活困窮によって避難の必要性が生じるより前に，余震に対する不安からマンション住民は避難を行っていたわけです．このことは，首都直下地震の際にも都心地区において避難所の収容量が大きく不足する懸念があることを示しています．また，家具等の転倒，食器の破損等が避難実施を促す傾向を読み取れることからも，家具の転倒防止は，生命の直接的な安全確保ばかりでなく，構造的に優位な新しいマンションに住む住民の震災時の自立を促す上で非常に重要な対策であることが示唆されます．さらに，地震当日から必要になる物品の備蓄が住民の自立を支える傾向にあることは，備蓄という定番の対策が，避難所の収容量不足という新しい課題に対しても有効に働く可能性があることを示しています．また，住民間の共助は，普段の付き合いがある人に対する方が実施される傾向が見られ，プライバシー確保を重視するマンションであっても，普段からの住民同士の付き合いを続け，つながりをもつことで，被災時の住民の自立を支えるために一定の効果があることがわかりました．

　以上の結果は，マンションの住民と行政の双方にとって，災害時のマンション住民の自立と避難に関する実効性のある対策を検討・立案するための基礎的な知見となることが期待されます．

9.2　液状化被害による生活支障と居住

　茨城県潮来市日の出地区では，東日本大震災で甚大な地盤の液状化被害が生じました．地盤の液状化は，それ自体によって死亡者が生じるようなことはほとんどありませんが，その被害や影響は被災地の住民の生活に多大な支障をもたらします．実際，同地区では地震発生2ヶ月後の5月時点までに従前の4.5%に当たる113世帯（287人）が転出してしまっていました（潮来市，2011）．同地区の人口は潮来市全体の約2割を占める中，こうした急激な人口の減少は，

コミュニティの維持の上でも，市の財政上の観点からも被災地の復興プロセスを阻害する要因ともなりかねません．言い換えれば，地域に人々が住み続けることは，被災地の復興を成し遂げるための必要条件ともいえます．

そこで，ここでは潮来市日の出地区を例として，被災地における住民の居住継続を促すための要点について考えてみます．

(1) 潮来市日の出地区の概要

潮来市は茨城県東南部に位置し，北浦，霞ヶ浦，北利根川，外浪逆浦（そとなさかうら）に囲まれた「水郷」と称される水辺の地域です（潮来市，2014）．かつて水路として利用された市内の前川を舟で回る「十二橋めぐり」や川沿いの水辺に群生するアヤメ（花菖蒲）の名所として知られています．潮来市の震災直前（2011年3月1日時点）の人口は30,379人でした（潮来市，2011）．

日の出地区は，潮来市南部の水田地帯の常陸利根川近くに位置する比較的新しい住宅地です．かつて内浪逆浦と呼ばれる沼地だった土地で，戦時中に農地造成のために干拓が行われ，1950年に完工しました．農家が入植し農業が営まれましたが，その後の社会情勢の変化に伴い1970年代になると宅地開発が進められました．そして1974年に196 haの住宅地が整備され，「日の出」と名付けられました（潮来町史編さん委員会，1996）．震災直前の当地区の人口は6,356人でした（潮来市，2011）．

東日本大震災での潮来市全体での住家被害は全壊94棟，大規模半壊716棟，半壊1,905棟，一部損壊2,546棟でしたが，このうち全市の被害棟数の8割前後を，また，道路・上水道・下水道については全市の被害の大半を日の出地区によるものが占めていました．

(2) 住民調査の概要

甚大な液状化被災地である日の出地区の震災後の住民の転居・居住継続に関する意識の実態を把握するとともに，その要因について検討することを目的としてアンケート調査を行いました．震災発生直前（2011年2月末日時点）に日の出地区に居住していた全世帯の世帯主宛に自記式アンケート票を郵送し，回答を郵便で返送してもらいました．2011年11月にアンケート票・返信用封

筒等一式 2,562 通を発送し，結果的に 939 通の有効回答が得られました．

(3) 震災による被害状況
1) 回答者宅の宅地・住宅の被害

日の出地区の回答者の宅地に関する被害状況を図 9.16 に示します．「地盤の傾き」が 76.6％，「砂や水の噴出」は 71.7％にも及び，日の出地区での液状化の甚大さが改めて浮き彫りとなっています．また，回答者宅の住宅の被害状況を図 9.17 に示します．「半壊」が 4 割を占めますが，これに「全壊」3％，「大規模半壊」22％を合わせれば，半壊以上の被害は 65％にも達していました．

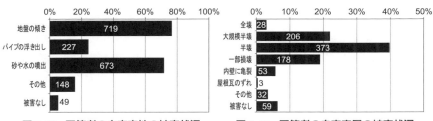

図 9.16　回答者の自宅宅地の被害状況　　図 9.17　回答者の自宅家屋の被害状況

2) 震災後の困り事の変化

図 9.18 は，震災発生から 3 日目，10 日後，1 ヶ月後，2 ヶ月後の各時点において生活上困ったことを尋ねた結果です．「最も困ったことを三つまで」という条件で複数回答してもらいました．ライフライン関係では「停電」よりも「水道の不通」による支障・困窮感が長引いており，それに付随する形で「トイレ」「入浴」について困ったとの回答も継続しています．一方，「地盤の傾き」は震災発生当初から生じていた現象ではありますが，時間経過とともに困り事としての回答割合が増加しています．「体調不良」についても後になるほど増加する傾向にあり，両者間には有意な正の相関が認められました．これらのことから，液状化による住民生活への被害や影響は時間経過とともに進行し，変容していくことがうかがえます．

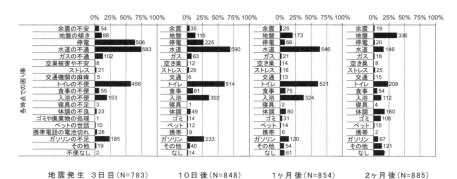

図 9.18 震災発生後各時点での困り事（M.A.）

3）震災後の生活の質レベルの推移

図 9.19 は，震災発生から3日目，10日後，1ヶ月後，2ヶ月後および8ヶ月後（調査実施時）の各時点について，その頃の暮らし向き（生活の質）の程度を尋ねた結果です．震災が起こる前のレベルを"10"と仮定し，0〜10の11段階で生活の質を示していますが，震災発生後の時間経過とともに徐々に回答者の生活の質（レベル）が回復していく様子が現れています．これはライフラインや生活の復旧の進展を反映したものと考えられます．しかし，震災発生から8ヶ月後でも震災前と同程度の生活に戻ったという回答者は11%にとどまるのに対し，全体の3分の1強は生活のレベルが震災前の半分以下であるとしており，液状化の被害や影響による生活支障が長期化している様相が見て

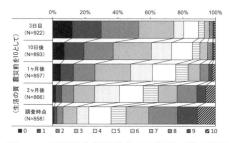

図 9.19　震災発生後各時点での生活の質の推移

(4) 震災後の転居に関する要因分析

1) 震災後の転居の実態

震災発生後の回答者の転居の有無を**図9.20**に示します．同図では，完全に転居した場合と避難のための一時的な仮住まいとを分けて集計しています．調査時点までに「転居した」という回答者は6.6％と，前述の2011年5月時点での住民基本台帳ベースの転出率4.5％を若干上回りました．

転居回答者62人の転居した理由としては，「地盤の傾き」の52％と「水道復旧の遅れ」の47％に回答が集中しました．次いで「住宅の被害」が44％と多くなっていますが，しかし，この回答が半数に満たないという点にこそ注目すべきかもしれません．つまり転居者の半数以上は住宅の被害ではなく，それ以外の別の理由によって転居していたことになるからです．

被災地での居住継続を考える上では，単に被害を受けた住宅の再建・修復だけでは済まない問題であることがわかります．その観点からも，以上の回答に続いて多かった「地域の復旧が進まない」36％，「今後の液状化の不安」34％などは，液状化被害対策の課題を指し示しています．

図9.20 震災発生後の転居状況（N=939）

2) 回答者・世帯属性との関連性

図9.21は，回答者の年齢（年代）別に震災後の転居の有無を示しています．全体から見れば部分的ではあるものの，転居率は若い回答者ほど統計的に有意

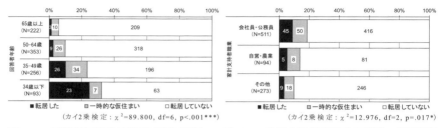

図 9.21　回答者年齢別 震災後の転居状況　　図 9.22　家計支持者職業別 震災後の転居状況

に高くなっています．つまり若い世帯ほど柔軟に居住地変更が可能なのに対し，高齢の世帯になるほど従前通りの居所にとどまる傾向があります．ここからは，被災地からの人口流出を食い止めるためには，高齢世帯への配慮もさることながら，若い世代が「今後もここに住み続けたい」と思えるように働きかける施策が求められるといえます．

図 9.22 は，世帯の主たる家計支持者の職業別に震災発生後の転居の有無を示しています．「会社員・公務員」に比べて「自営・農業」は転居率が低いことがわかります．後者は，仕事の上で地域や土地に根ざした地縁が求められるため，簡単には転居できないという事情が推察されます．**図 9.22** の「その他」には「主婦」「学生」「パート・アルバイト」「無収入」「年金生活者」など，経済的弱者が多く含まれることが転居率の低さにつながっているとも考えられます．

3) 震災発生以前の状況との関連性

従前の地域活動への総合的参加度と震災後の転居の有無との関係を**図 9.23** に示します．ここで，地域活動への総合的参加度とは，従前の日の出地区での「清掃活動」「運動会」「ソフトボール大会」「防災訓練」および潮来市の「防災訓練」のそれぞれへの参加程度に関する5段階での主観的評価値を用いて主成分分析を実施し，その第1主成分得点によって4区分した指標です．

図 9.23 によれば，地域活動への参加度が低いほど転居率が高く，逆に参加度が高ければ転居率は低いという傾向が見られます．地域活動への参加度は，コミュニティへの親近感とか愛着度の代理指標として見なすこともできそうで

第 9 章 人間行動と社会的影響　173

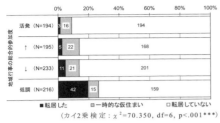

図 9.23　各種行事への参加程度別 震災後の転居状況

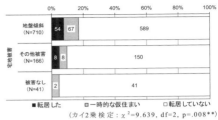

図 9.24　宅地被害別 震災後の転居状況

すが，その仮定に立てば，地域への親近感は転居を思いとどめる要因になっていると考えることができます．災害では建築やインフラなどの被害に目が向きがちですが，転居／居住継続の判断の上では，必ずしもそうした物的な条件だけでなく，地域やコミュニティとのつながりも大切な要素といえそうです．

4）震災被害との関連性

ここで，震災による被害とその後の転居の有無との関係について検討します．まず，**図 9.24** の回答者宅の宅地被害との関係については，「地盤の傾き」または「その他の宅地被害」が生じた場合には転居率が高い傾向が認められます．一方，住宅の被害程度別に比較した場合には転居率にほとんど差が見られませんでした．宅地被害と住宅被害は互いに全く独立というわけではありませんが，転居の実施に対しては，住宅被害の程度の差よりも，宅地被害の様相の違いによる影響の方が如実に現れた形です．この点は，前述の震災後の転居理由として「住宅の被害」を挙げた回答者が半数に満たなかった点とも相通ずるものがあり，こうした点も液状化被害の特徴の一つと解釈されます．

(5)　居住継続意向に関する要因分析

1）日の出地区での今後の居住継続意向

図 9.25 に，回答者の日の出地区における今後の居住継続意向を示します．今後も住み続けていくことに肯定的な回答が 55.6％ と過半を占めるのに対して，否定的な回答は 10.1％ にとどまりました．ただし，その否定的回答の人数（87 人）は，震災後に転居した回答者数（62 人）を上回っており，決して軽視

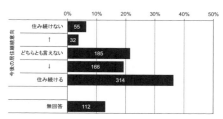

図9.25　今後の居住継続意向（N=864; S.A.）

すべき規模のものではありません．「どちらとも言えない」に「無回答」を合わせると全体の3分の1が態度を保留していますが，地区からのこれ以上の人口流出を防ぐためには，こうした中間層への働きかけも重要視すべきです．もしこの中間層が居住継続に対して否定的に転じてしまえば，地区からの人口流出が加速してしまうからです．

　居住継続に肯定的な回答者の居住継続意向の理由としては，最も多かったのが「（転居に伴う）金銭的負担」への懸念56％，3番目に「住宅ローン」30％と，転居の実行が難しいからという消極的な理由が目立つ反面，「住宅への愛着」38％，「地域への愛着」18％という当地での居住自体に積極的な理由がそれぞれ2番目，4番目に挙がりました．その他には「勤務地に近い」あるいは「親戚や知人が住んでいるから」「両親や子どもが住んでいるから」などの理由が続いていました．

　一方，居住継続に否定的な回答者の理由としては，今後の「液状化への不安」69％や「地震への不安」56％など災害リスクに関する回答が目立ちました．また，「道路復旧の遅れ」53％，「地盤の傾き」52％，「地域の復旧が進まない」51％などを理由とする回答が多く，液状化被害からの復旧が長引くことの悪影響が端的に示されていました．

2）回答者・世帯属性との関連性

　図9.26は，回答者年齢別に今後の居住継続意向を示しています．居住継続の意向は，高齢になるほど強くなり，逆に若年になるほど弱くなる傾向が認められ，若年であるほど居住地変更に柔軟であることがうかがえます．また，世帯内の要援護者の存在という観点から検討すれば，世帯内に高齢者がいる場合

第9章　人間行動と社会的影響　175

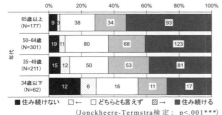
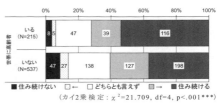

図 9.26　回答者年齢別　今後の居住継続意向　　図 9.27　世帯内高齢者の有無別　今後の居住継続意向

には居住継続意向が有意に強い傾向にあります（**図 9.27**）が，これも回答者年齢の要因と同様に解釈することができます．これらからは，前述したように若い世代を意識した定住対策が肝要であることを改めて指摘することができます．

3）震災発生以前の諸要因との関連性

今後の日の出地区での居住継続について，**図 9.28** に従前の自宅の総合的満足度との関係を，**図 9.29** には従前の生活環境の総合的評価との関係を，そして，**図 9.30** には従前の各種地域行事への総合的参加度との関係を示します．ここで，自宅の総合満足度とは，自宅の「日当たり・風通し」「広さ・間取り」「耐震性」「住居費の負担」「防犯性」「高齢者への配慮」のそれぞれに関する5段階の主観的評価値を用いて前述の地域行事への総合的参加度の場合と同様に主成分分析を行い4区分化した指標です．また，生活環境の総合的評価とは，「通勤利便性」「病院・診療所の充実度」「自然・街並み」「地域イメージ・評判」など16項目の質問に基づいて同様に導出した指標です．

図 9.28～9.30 のいずれについても，従前の満足度や評価・参加度が高いほど今後の居住継続も強いという明瞭な傾向が認められます．つまりは，人々にとって自宅や地域の魅力が高いことが居住継続の後押しになっているということであり，このことからは，液状化被害の復旧ばかりでなく，地域の住みやすさを高めるための施策が求められるといえそうです．

4）震災被害との関連性

図 9.31 には，調査実施時点での生活の質（レベル）と今後の居住継続意向

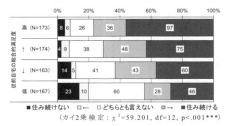
図9.28 自宅の総合的満足度別 今後の居住継続意向

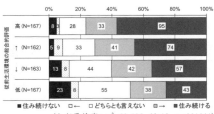
図9.29 生活環境の総合的満足度別 今後の居住継続意向

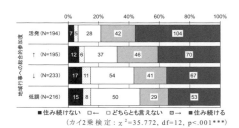
図9.30 地域行事への総合的参加度別 今後の居住継続意向

との関係を示します．生活の質が従前のレベルにより近く戻っているほど今後の居住継続に肯定的な回答が増加しています．翻せば，震災によって低下してしまった生活の質が液状化被害や影響の長期化によってなかなか元に戻らないと居住継続の意欲が減退してしまうということでもあり，復旧対策のスピードの重要性を濃厚に示唆しています．

5) 居住継続・戻り住むために必要な対策

図9.32に，日の出地区で今後も居住継続していくために，または，転居した住民が戻り住むためにはどのような対策が必要と思うかを尋ねた結果（3項目までの複数回答）を示します．

実に，回答者の76.2％までもが，「道路の修復」を挙げており，重要度の高さが顕著に現れています．道路はまちの形や外観を構成する主要な要素の一つでもあるため，それが損傷していることは通行上の障害となるばかりでなく，

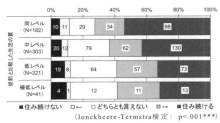

図9.31 調査時点での生活の質と今後の居住継続意向

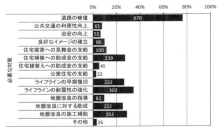

図9.32 居住継続・戻り住むために必要な対策 （N=879; M.A.）

住民にとっては心理的な負担感にもつながっていることが推察されます．その他では「ライフライン」「地盤」「住宅」に関する対策への要望が多くなっていました．

(6) 液状化被災地の復興に向けて

　ここでは，東日本大震災によって甚大な液状化被害が生じた茨城県潮来市日の出地区の従前居住の全世帯主を対象とするアンケート調査に基づき，震災後の転居の有無，および，今後の居住継続意向に関する要因を分析しました．その中で，住宅や道路などの物的被害の早期復旧の他に，地域における居住継続，ひいては地域の復興を促すために重要ないくつかの条件が見出されました．

　まず，震災後の転居に関しては，若い世帯ほど柔軟に居住地変更が可能なのに対し，高齢の世帯になるほど従前通りの居所にとどまる傾向がありました．また，今後の居住継続意向についても，高齢になるほど強くなり，若年になるほど弱くなる傾向が認められました．このことから，被災地における若い世代を対象とした定住対策の必要性を指摘することができます．

　次に，震災後の転居有無に関する分析と今後の居住継続意向に関する分析とを比較したときに，それぞれの目的変数に対して関連性を持つ要因が互いに異なることが見てとれました．そこからは自ずと，転居実施を決定する場面と今後の居住継続について思いをめぐらす際には人々は異なる材料を思考に上らせていることが予想されます．今回の分析結果に基づいて推論するとすれば，ま

ず，震災後の転居の有無に関しては，地震動や液状化によって日の出地区では多くの住家が被害を受け，どこも同じように生活支障が生じたはずですが，そこで転居の実施に踏み切るかどうかは必ずしも自宅の被害程度という「必要性」ばかりに依存するわけではなく，実際に転居を実行できるかどうかという「実行可能性」の要因にも強く左右されています．その実行可能性とは，今回の分析結果に基づけば，世帯主の年齢や職業，世帯内の高齢者の存在の有無などであり，居住開始理由も間接的に関連しているものと推察されます．

一方，今後の居住継続意向については，あくまでも「実行」ではなく「意向」ですので，上記のような実行可能性の影響は相対的に薄まり，代わりに，自宅や生活環境，地域活動の利便性や満足度などが思考の俎上に載ってくるものと考えられます．今回の分析結果によれば，その際には，自宅の被害程度はもはやあまり影響力のある要因とはなっていないようでした．このことから，液状化被害の復旧ばかりでなく，コミュニティ意識を高めるためのまちづくりも重要であるといえそうです．

註

1) 本節でいう「避難」は，「危険性の高い場所を離れる」といういわゆる緊急避難ではなく，「居住場所が災害のために使用できなくなったために一時的に公共施設等で生活する」ことを指す収容避難を意味します．

参考文献（アルファベット順）

中央防災会議（2012）首都直下地震避難対策等専門調査会報告，http://www.bousai.go.jp/kaigirep/chuobou/senmon/shutohinan/pdf/siryo03.pdf（参照 2015.6.5）．
潮来町史編さん委員会（1996）潮来町史，潮来町，649–651，808–809．
潮来市（2011）住民基本台帳の人口と世帯 年度別集計データ，http://www.city.itako.lg.jp/dir.php?code=3093（参照 2015.6.5）．
潮来市（2014）位置と地勢，http://www.city.itako.lg.jp/index.php?code=488（参照 2015.6.5）．

column コラム

防災教育は究極の防災対策

梅本通孝

　東日本大震災以降，全国で学校防災への関心が高まっています．3.11の巨大津波が襲来した際，一部で学校等の管理下にあったこどもたちが犠牲になってしまった一方で，事前に小中学校で津波防災教育が実践されていた地域では，こどもたちが自らの判断によって的確な避難をやりとげ，自分たちばかりか周囲の人々の命も救ったケースがあったためです．震災後，各地の小中学校では，それぞれの地域で危惧される災害を想定し，児童・生徒の身を守るための避難訓練等に力が入れられるようになりました．学校だけの取り組みにとどまらず，地域の人々の力を借りてこどもたちの安全を確保する学校－地域間連携が重視されるようになったのも震災後の一つの傾向です．災害からこどもたちを守ることは，学校の危機管理上，枢要な課題となっています．

　また，少し見方を変えると，こどもたちへの防災教育は，地域防災力の向上に対して大きな可能性を秘めています．10年・20年後に目を向ければ，こどもたちもやがては地域コミュニティを背負って立ち，災害時には自助・共助の主力となるような，将来の貴重な人的資源といえるからです．その意味では，学校での防災教育では，こどもたちを単に「守られるべき弱者」と見なしたり，校内での避難訓練等を繰り返したりするばかりでなく，様々な災害への対処方法や避難行動の原則をこどもたちが学べることが重要です．こどもたちの生涯の中では，学校で過ごす時間よりもそれ以外の時間のほうがはるかに長いので，彼らが災害に遭うのは学校外である可能性のほうが大きいでしょう．その点からも学校防災教育では，校内での危険対処だけにとどめず，こどもたちの「災害を生きる力」を育てることが求められます．

　筑波大学では，高大連携活動のほか，小中学校や社会教育の現場からの要請に応え，教職員や学生の専門性を活かし，講演や避難訓練指導，ワークショップの運営等の活動を通じて各地での防災教育への取り組みに積極的に貢献しています．

第10章
被災自治体での課題

大澤義明・小林隆史・太田尚孝

　本章では，被災自治体で注目された都市計画の分野での課題について概説します．まず，茨城県を事例に大震災後の人口構造変化を数量的に把握します．次に，ハード政策の事例として庁舎建設時の課題を取り上げ，科学的分析による政策判断の重要性を説明します．最後に，ソフト政策の事例として福島県いわき市での高校生らによるまちづくりワークショップの実践を紹介します．

10.1 被災自治体の課題

(1) 被災地は将来の日本社会の縮図

　東日本大震災の発災から4年が経ちました．東京電力福島第一原子力発電所事故を除いては大災害からの復旧も一定程度見通しが立ち，東北地方を中心に被災地の多くでは復興に向けた本格的なまちづくりが進みつつあります．しかし，膨大なコストや時間を必要とする海岸堤防や防潮堤建設，高台移転や土地のかさ上げでも安全・安心が100％約束されないなど，復旧・復興のあり方を巡っては各地で議論が重ねられています．

　一方，筑波大学が立地する茨城県に目を向けると，東北地方と比較して被災程度が軽度であったため，復旧・復興への道筋が比較的早期につけられました．このため，多くの自治体では，この大震災によって一時的に政策的優先順位の低くなっていた人口減少・少子高齢化という中長期的な課題（増田，2014）へ軸足を移しつつあります．

　つまり，大震災により人口減少・少子高齢化がともに加速した被災地は，今後の多くの自治体が直面する人口構造課題に対し，待ったなしで取り組む必要があり，日本社会の縮図となっています．大局的に見れば，このような時代の

流れには逆らうことはできず，この課題を克服するために世代や立場を越えた，あらゆる英知の結集による創意工夫が必要とされています．

(2) 大震災を踏まえてのパラダイム変換

通常，人口減少・少子高齢化が進むと，社会保障や空家・空地対策など新たな行政ニーズが発生し，また自治体が保有する道路や学校といったインフラ施設の稼働率が低下し，第7章で指摘のあったインフラ維持管理などの課題が発生します．同時に，自治体税収さらには国からの補助金が減ります．結果として，自治体財政は悪化し，次世代負担が進むこととなります．このように，人口減少・少子高齢化は自治体のまちづくりにも大きな影響を与えます（大庫，2013）．

図を用いて，人口減少と行政コストとの関係を視覚的に説明しましょう．**図10.1**の横軸は自治体人口密度，縦軸は住民1人当たりの行政コストを表します．図の実線から読み取れるように，人口減少により人口密度が下がると，1人当たりの行政コストは急激に増大することとなります．このように行政コストが左上がり関数となることが，実績データ（国土交通省，2011）で示され，さらには多くの研究者（栗田，1999；鈴木，1999；盆子原ほか，2014）により理論的に導出されています．

この図からは，大事なことが2点理解できます．第一に，人口が低密度になるにつれて行政コストが急激に上昇します．例えば道路や上下水道など，面的

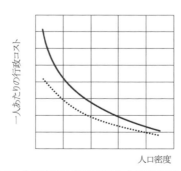

図10.1 人口密度と行政コストとの右下がり関係

に展開される施設の維持管理では，低密度では住民1人当たりの費用が大きくなるのです．第二に，人口減少自治体でこのような関数を前提にすると，対応策として増税するしかありません．しかし持続可能性の観点からそれは現実的ではありません．結果，**図10.1**で示した実線を点線のように下方にシフトさせる必要があります．ハード政策ではインフラ縮減，ソフト政策では行政サービスの撤退など，行政制度の抜本的見直しが必要不可欠になります．

具体的には，サービス低下を抑えるために，ハード政策では市街地の集約化，ソフト政策ではサービスのコミュニティ負担などにより，場所をつなぐ，人をつなぐシステム，いわゆる，コンパクトなまちづくりが必要となってきます．そのため，政策投資の選択と集中を前提に，多様な主体の協働が必然となります．このように，成長を前提とした従来型行政システムは限界にきており，考え方を根本から改めること，すなわちパラダイム変換が必須となります．

(3) パラダイム変換を乗り切るための一つの処方箋

そこで本章では，戦後から続く成長期とは異なる，新しい時代環境を迎えた我が国のパラダイム変換を乗り切るための処方箋を，具体的な事例とともに考えていきます．

まず，最初に人口減少の実態を把握するため，茨城県を事例に大震災後の人口構造の変化を数量的に示します．次に，ハード政策の事例として，大震災後多くの自治体で動き出した庁舎建設の課題を取り上げます．ここでは，一見して正しいと思われる住民投票による意思決定手法の問題点を指摘し，科学的分析の必要性を明らかにします．科学的分析による政策判断と同時に，都市計画やまちづくりの分野では，明日のまちづくりを担う人材育成が極めて重要視されています．そこで，ソフト政策の事例として，福島県いわき市での高校生らによるまちづくりワークショップの実践を紹介し，この活動も含めて今後のまちづくりのあり方を考えてみたいと思います．

10.2 被災地での人口減少・少子高齢化の加速化

(1) 大震災前の人口動態と計画人口

1) 茨城県の人口動態

1920年から5年に一度，国勢調査という居住地や人口に関する全国調査を行っています．国勢調査結果をもとに，茨城県の人口の変化，そして年齢構成を図10.2に示します．この図から，200万人前後であった県民人口が1970年を境に急激に増加していること，そして1995年から安定期に入り300万人弱で推移していることがわかります．今後は日本全体の傾向と同じく，減少期に向かうと予想されています．また，図10.2からは65歳以上の人口が近年，急増していること，これとは逆に0〜14歳の人口は減少している様子が理解できます．首都圏に位置する茨城県でも少子高齢化が着実に進行していることがデータから明らかになっています．

茨城県は地理的にも歴史的にも多様な地域から構成されています．そこで次に，図10.3に茨城県内の5地域ごとの人口推移のグラフを示します．この図から，つくばエクスプレス開通などにより東京通勤圏へ組み込まれた県南地域では近年人口が急増していること，県庁所在地水戸市を含む県央地域や鹿島臨海工業地域がある鹿行地域では微増であること，また山間地域や鉄道網の脆弱

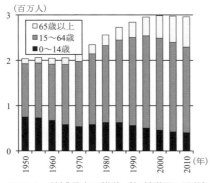

図10.2　茨城県人口推移（年齢階層3区分）

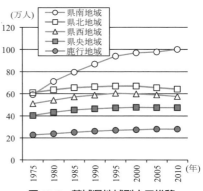

図10.3　茨城県地域別人口推移

な地域を含む県北地域や県西地域では減少傾向であることがわかります．つまり，県内において近年，南北格差が拡大しつつあります．

2) 自治体の計画人口

将来の人口や年齢構成を正しく把握することは，行政需要に応じた戦略的な政策を遂行するために重要なことです．特に自治体が所有する道路，上下水道などインフラの維持管理を考える上で，将来人口という情報は必要不可欠です．そのため，自治体の将来像を描く「総合計画」では，おおむね10年後の人口（計画人口，人口フレーム，目標人口，将来人口，想定人口などとも呼ばれます）が設定されます．人口減少社会に突入した今，社会基盤の整備などのために，精度の高い計画人口が求められています（一條，2013）．

一例として，茨城県44市町村の過去に設定された計画人口を吟味します（大澤ほか，2012）．図10.4の横軸に総合計画目標年次で国立社会保障・人口問題研究所による推計人口を，縦軸に自治体による計画人口をとり，茨城県内44市町村をプロットしています．プロットから距離の二乗の合計が最小となる直線，すなわち最小二乗法による直線の傾きは1.08であり，推計人口と比較して8%程度計画人口が過大となっていることがわかります．実は，こういった傾向は茨城県の自治体に限らず，全国の多くの自治体で見られることです．ただし，近年では，計画策定における透明性の確保，市民参加，地方分権，説明

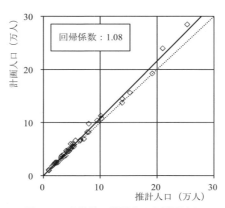

図10.4 自治体の推計人口と計画人口

責任といった観点に従い，このような実態とかけ離れた人口設定は少なくなってきました．一つの統一的基準として，国立社会保障・人口問題研究所により計算されている推計人口（将来予測人口）を計画人口の参照値とする自治体が増えています．総合計画の計画人口設定においては，推計人口のように誰が計算しても同じ結果が得られる客観的な部分と，種々の政策に基づいた自治体の意気込みを打ち出す部分とを分離して提示するなどの工夫が必要な時代になってきたといえるでしょう．

(2) 大震災後の人口動態

1) 大震災直前後の人口変化

計画人口の重要性を述べましたが，その設定の基礎となる，将来を予測した人口（以後「推計人口」と呼びます）は主にコーホート要因法（和田，2015）により計算されます．詳細な説明は国立社会保障・人口問題研究所のホームページに譲りますが，大まかにいえば，これは「一定期間の出生数，死亡数，転入数，転出数が同じ年齢階層で将来も続くと仮定して計算する方法」といえます．近年，この手法が自治体の将来人口を推定する標準方法として位置づけ

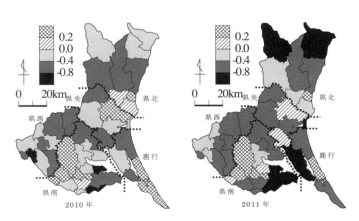

図 10.5　東日本大震災前後における茨城県市町村転入超過率
（小林ほか，2013）

られています．

　ここでは，東日本大震災により，転出数・転入数がどのような値になったのかを**図10.5**で見てみましょう．住民基本台帳人口移動報告という，転居届から作成されたデータをもとに，2010年および2011年の市町村別転入超過数（転入数 − 転出数）を各年1月の人口で割った値を示しています．また，茨城県5地域区分の境界と名称を太点線により併記しました．2010年と比較して，2011年では津波・液状化被害の大きかった県北地域および鹿行地域の市町村において，転出超過が大きくなっています．加えて，戦後人口が伸び続けてきた県南地域でも，転入超過から転出超過へ変化した自治体もあります．一方，震源地から遠い県西地域では大きな変化は見られませんでした．

2) 大震災による中長期的人口変化

　さらに大震災の中長期的影響を見てみましょう（小林ほか，2013）．この分析では，将来人口に影響を与える「出産年齢世代の人口移動」に着目しています．ここでは，国立社会保障・人口問題研究所により大震災前に推計された2010年の人口変化が続くとしたものを「従前ケース」，大震災を含む2011年の人口変化が続くとしたものを「悲観ケース」とします．もっとも，大震災で県外へ避難しその後帰還した住民もおり，悲観ケースのように大震災直後という特異状況が続くことは現実的ではありません．また，前述したように大震災は人口構造へ大きな影響を与えており，従前ケースのパラメータを大震災後も継続して使用することは楽観的過ぎると思われます．したがって，実際の将来人口は，従前ケースと悲観ケースとの間で推移すると考えられます．つまり，従前ケース，悲観ケースはそれぞれ将来人口の上限と下限に対応する極端な場合と見なせるため，ここでは両ケースを計算します．

　茨城県における2011年から35年後の2036年における，従前ケースと悲観ケースにおける推計人口と高齢化率（65歳人口の割合）を計算しました．従前ケースは約250万人の高齢化率32.3％，悲観ケースは234万人の高齢化率34.9％となりました．2036年時点では，悲観ケースは従前ケースに比べて約6.3％も人口が少なくなっています．茨城県内5地域でも同様に計算し，その結果である推計人口を横軸，推計高齢化率を縦軸として**図10.6**に示します．横軸と縦軸の次元が異なりそれぞれ絶対数，相対数になっていることに注意し

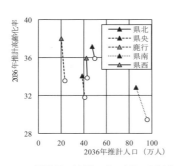
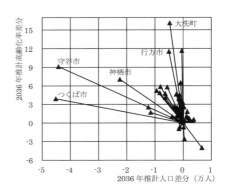

図 10.6　茨城県 5 地域の人口減・高齢化率　　図 10.7　茨城県 44 市町村の人口減・高齢化率

てください．図中の「○」が従前ケース，「▲」が悲観ケースのプロットであり，これらを結んでできるベクトルの長さや方向が大震災の影響を表します．

図 10.6 から少なくとも 2 点が読み取れます．第一に 5 地域すべて「○」から「▲」へのベクトルの向きが左上となっていること，つまりどの地域でも大震災により人口減少と高齢化が同時に進んでいることが読み取れます．第二に 5 地域を比較すると人口減少は，県南が大きく加速しています．通勤圏の役割も担う県南地域では，つくばエクスプレスの開通もあり 2010 年に人口が大きく増加していましたが，大震災によりその伸びにブレーキがかけられた形となりました．そのため，県南地域は大震災後も人口増加は継続していますが，大震災により過去の勢いがなくなったと解釈できます．一方で，鹿行地域の高齢化の加速は深刻です．従前ケースの高齢化率では県北地域と県西地域の値を下回っていましたが，悲観ケースではこれら 2 地域を超えています．これは鹿行地域が沿岸部を多く保有し，津波浸水や液状化被害の影響が強く働いたと推察できます．

(3) 計画人口の見直し—大震災が残した爪痕—

図 10.6 での分析を茨城県 44 市町村ごとに適用すると，図 10.7 の結果となります．ただし，大震災の影響の大きさを視覚化するために，各自治体のベクトルの始点である従前ケースを原点に配置しています．この図から，2 点が読

み取れます．第一に，ほとんどの自治体のベクトルが原点左上に位置する第二象限に位置していることがわかります．大震災が茨城県のほとんどの自治体において人口減少と高齢化を同時に加速させた様子を把握できます．第二に，2ケース間の乖離が大きい自治体として，高齢化では大洗町が突出し，行方市も高い値になっています．人口減ではつくば市が最大となり，守谷市や神栖市が続きます．つくば市や守谷市では生産年齢世代の人口流出，大洗町では津波被害，神栖市や行方市では液状化被害が原因だと推察できます．

このように限られたデータですが，地域や自治体ごとの将来人口を比較することで，現時点では想像しにくい大震災が残した人口変動への爪痕の大きさをとらえることができます．大震災前に総合計画や都市計画マスタープランで計画人口を設定していた自治体では，将来人口および人口構成が大きく変化する可能性を留意しておくべきかもしれません．特に，財政難に直面している自治体では，行財政改革が必要となります．一般的に，行政サービスを拡張するプロセスの合意形成は容易ですが，減らすプロセスの合意形成は困難なものです．将来のまちづくりを担う若い世代の意見の取り込みが必要だといえるでしょう．

10.3　庁舎建設での合意形成の課題

(1)　大震災後に起きた庁舎建設ラッシュ

大震災による被災の影響もあり，関東地方の20％の自治体が庁舎建設を検討しています（**図10.8**）（高森ほか，2013）．茨城県では34％（15自治体）が庁舎の移転を検討しており，これは関東の他都県と比較すると突出した値です．

このような庁舎建設の動向は，水戸市，常総市，高萩市などで被災により庁舎が全面使用不能となったことも一因です．一方で，日立市などのようにこれまで老朽化や狭隘化などで建て替えの要請があり，結果として大震災が背中を押した例も挙げられます．また，多くの自治体では，防災対策として老朽化が進んだ庁舎の耐震性能向上や，災害時の拠点としての機能強化が求められています．さらに，平成の大合併のため顕在化した庁舎の手狭さや，旧自治体の庁舎を利用し続けることによる非効率性の解消も必要です．これら以外にも，庁

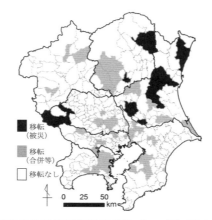

図 10.8　関東地方の庁舎移転検討自治体（2012 年）（高森ほか，2013）

舎移転による中心市街地活性化，コンパクトシティ実現への切り札としての期待もかけられています（日本経済新聞社産業地域研究所，2012）．すなわち，今や庁舎建設は数少ないハード政策の切り札といえます．この際に，機能だけで場所を選定するのではなく，行政コストの縮減，まちづくりへのインパクトも含めて多面的に議論することが必要です．ここからは今後のまちのあり方を考える鍵ともなりうる庁舎建設について考えます．

(2) 庁舎建設と住民の意思表明
1) トップダウン型とボトムアップ型合意形成

2012 年 5 月に，鳥取市庁舎移転に関して住民投票が行われました．市側が提示した新築移転に対し，現地改修が 6 割の投票を得ました．このように，トップダウン型の意思決定が必ずしも住民から支持されるわけではありません．庁舎は自治体の核となる施設であり，その立地場所の決定は市民の強い関心を惹きます．それゆえに，庁舎の移転を計画している多くの自治体で，候補地選定が難航する事例が見られます．

かつては庁舎の立地は，行政主導で物事を決めるトップダウン型が通例でした．最近では，納税者である住民の声を反映させるボトムアップ型合意形成手

法への要請が高まっています．住民投票は，特定の政策に関して住民の賛否を聞く投票であり住民の意見を自治体の政策に直接反映させる手段として注目を浴びています．法的拘束力はありませんが，最近では，鳥取市庁舎建設に加え，2013年5月東京都小平市都道計画，同年12月埼玉県北本町鉄道駅建設，2014年8月三重県伊賀市新庁舎建設場所，2015年2月には埼玉県所沢市小中学校エアコン設置など，自治体事業の是非を問う住民投票が行われ，自治体政策の合意形成手法として定着してきました．住民投票以外でも，各種委員会，パブリックコメント制度が導入されることで，住民意見を政策決定に直接反映できる環境が用意されてきています．しかしながら，ここで指摘したいのは，市民の総意としての投票による庁舎の立地選択が，必ずしも社会的には理想的な状況にならない可能性です．以下では，改めて効率性と住民の意思表明である住民投票を比べて，そのあり方について考えてみます．

2）住民投票の矛盾の可能性

「住民にとって近い場所に庁舎があった方がよい」という前提で，便利な庁舎とは全住民のアクセス距離の合計が短いこととします．投票では有権者は最寄りの庁舎候補地に必ず投票するとしましょう．

このような状況で投票による庁舎の位置決定が，社会的には理想的な状況とならない，簡単な例を考えてみます．状況を単純にするため，まず市民すべてが有権者であるとし，庁舎候補地と有権者が図10.9のような線分上に分布しているとします．なお，この線分という表現に馴染みがないかもしれませんが，1本の道路沿いに多くの有権者が住んでいる状況を思い浮かべてもかまいません．その線分の長さを2kmとします．新規建設する庁舎の候補地は，左端候補地Aと右端候補地Bの2箇所のみとします．左端に100人，中央から少し右側に100人有権者がいるとしましょう．左端有権者は候補地Aへ，中央有権者は候補地Bへ投票するので100対100（単位は［票］）で獲得票数は同数となります．一方で，単位が［人・km］であることに注意しすべての有権者の庁舎への移動距離を計算すると，候補地Aでは中央に位置する有権者のみ移動が発生するので1人約1km，100人だと約100［人・km］の移動コストが発生します．一方で，右端の候補地Bでは左端に位置する有権者1人の移動距離は2km，100人合計で200［人・km］，中央に位置する有権者の場合1人約

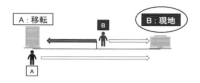

図 10.9　3 倍非効率な投票配置

1 km，100 人合計で約 100［人・km］，これらの合算により約 300［人・km］の移動コストが発生します．この結果，おおよそ 1 対 3 で候補地 A が便利な庁舎であることがわかります．一方で，中央に位置する有権者が 1 人でも増えると，選挙では候補地 B が選ばれます．つまり，約 3 倍も移動効率が悪い候補地が選択されてしまうのです．こういった単純で極端な状況を通して，投票による決定が移動の効率をどの程度悪化させるのかを明らかにできます．

3）3 分の 2 の決議条件

　庁舎の位置を変更する際には地方自治法第四条において，「議会で 3 分の 2 を占める議員の同意が必要」とされています．このため，現地建て替えと移転新築の二択となれば，用地や建設費用などの条件が同じであっても議会での投票結果は現地建て替えが有利となります．

　ここでも単純化のために，議会が住民の意見を完全に反映している状況とします．**図 10.10** のように線分両端点に位置する候補場所は A と B の 2 箇所あり，候補地 B を現地建て替えとします．また，左端に 200 人，右端に 100 人有権者がいる状況を考えます．左端有権者は候補地 A に，右端有権者は現地建て替え候補地 B へ投票するので，200 対 100（単位は［票］）で獲得票数は 2 対 1 となります．一方で，すべての住民の庁舎への移動距離を求めると，候補地 A では右側有権者 100 人のみ移動するので 200［人・km］の移動コストが発生します．一方で，右端の候補地 B では左端有権者 200 人が移動し 400［人・km］の移動コストが発生します．この結果，候補地 A において 2 倍移動効率が優れていることがわかりますが，右端に有権者が 1 人でも増えると，3 分の 2 の決議が得られず移転が認められません．つまり，2 倍も移動効率が低い現地建て替えが選択されてしまう可能性があるのです．

図 10.10　2 倍非効率な現地建て替え

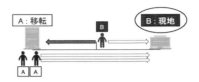
図 10.11　5 倍非効率な現地建て替え

　さらに，より極端な例として，**図 10.10** の右端有権者の位置を中央に移動させた **図 10.11** を考えます．左端に有権者 200 人，中央から少し右側に 100 人有権者がいる場合であり，候補地 A では約 100 ［人・km］のコストだけで済みますが，右端の候補地 B では 500 ［人・km］のコストが発生します．候補地 A では何と 5 倍も移動効率が良いのですが，こちらも投票では認められず合意が進まないことになります．現地建て替えは有利であり，より良い場所への立地が進まず政策投資がゆがむ恐れがあります．このように，民意を問う住民投票は完璧な制度ではないのです．

(3) 地方自治法の改正―大震災が気づかせた制度づくりの遅れ―

　住民一人一人の意見が政策に反映されることはとても重要ですが，住民投票が招く結果についても，メリット・デメリットをしっかりと理解する冷静な判断力が求められます．多くの政策決定の場面で，客観的分析結果が市民にわかりやすい情報で広く提供されることが，今後より重要になるでしょう．

　さらに重要なのは，現状維持が前提となっている地方自治法が社会変化のスピードに対応できていないことです．首長は議会の反発を避けるのが通常であり，首長の庁舎移転の裁量を妨げる地方自治法は，まさに時代遅れの制度になっています．

　次に，**図 10.10** や **図 10.11** にて，左側を人口が集中する中心市街地，右側を人口が少ない郊外としましょう．これらの図から，人口増加期に郊外へ建設した庁舎を人口減少に伴い，アクセスの良い中心市街地へ戻すようなコンパクトなまちづくりに対しても現状の法律がブレーキをかけることがわかります．大震災や少子高齢化を受け，まちづくりのパラダイム変換が必要な時期でありな

がら，3分の2の同意は大きな壁となっています．同様の課題として「所有者全員の同意」が求められる被災マンションの解体の事例もあります．スピード感を持って対応するためにも制度を柔軟にして，より多くの選択肢を提供する制度づくりが必要だといえます．

　本節では庁舎を事例に取り上げていますが，これは学校，駅，公民館，さらには清掃工場などの迷惑施設など，多くの公共施設に共通する話題です．時代の流れは，トップダウン型からボトムアップ型へシフトしています．しかし，人口減少による自治体の財政難などを底流とし，大震災による被災を契機に，客観的数値に基づいたより効率性の高い政策決定方法が注目されているのも事実です．

　もっとも，人口減少社会においてすべての公共施設の建て替えはもはや現実的ではありません．例えば，既存施設を改修して開設する，コンバージョン方式が全国で採用されています．新規建物建設と比較して工期も含めて建設費を大幅に縮減する手法です．具体的には，むつ市（郊外型ショッピングセンターを転用），石巻市，甲州市，杵築市（いずれも百貨店を転用），山梨市（工場を転用）などで庁舎への転用事例があります．茨城県では，2015年9月に百貨店転用では全国で最大規模となる土浦市新庁舎が開庁し，2016年には筑西市の庁舎が駅前再開発ビルへ移転する予定です．若い世代の財政負担を軽減させコンパクトなまちづくりにも寄与するコンバージョン方式，これを誘導する制度設計も必要だと考えます．

10.4　地元高校生らによるまちづくりワークショップの実践

(1)　いわき市の復旧・復興状況と課題

1)　いわき市の復旧・復興状況

　福島県南東部に位置するいわき市（人口32.6万人，面積1,231 km²）では，震度4以上の揺れが約190秒間も続き，最大で震度6弱を記録しました．この地震により，市内各所で建物倒壊が相次ぎ，交通インフラなど社会的基盤施設が機能停止状態になりました．また，沿岸地域では最大で8.57 mという津波の来襲もあり，**表10.1**のように甚大な人的・物的被害がありました．さらに，

表10.1 東日本大震災によるいわき市の被害(「避難者」以外は2014年2月1日時点)

カテゴリー	データ	備考
死者・行方不明者数	446 人	うち関連死 116 人
住家等被害	95,541 棟	全壊・大規模半壊 15,197 棟
公共施設等の被害額	370 億 2,524 万円	
避難者（避難所）	19,813 人（127 避難所）	3月12日のピーク時
避難者（市内から市外へ）	2,235 人	2013 年 12 月 1 日時点
避難者（市外から市内へ）	23,879 人	2013 年 12 月 1 日時点

（いわき市（2014）『東日本大震災 いわき市復興のあゆみ 2013』）

3月12日の東京電力福島第一原子力発電所の爆発事故により，市内北部地域が屋内退避指示の対象区域に設定される一方，後に居住制限がかけられた双葉郡からの多くの避難者を受け入れることになりました．

いわき市では，2011年9月に市の目指すべき復興の姿を『いわき市 復興ビジョン～日本の復興を「いわき」から～』として策定し，その後，この復興ビジョンの具体的な取り組みを『いわき市復興事業計画（第一次～第三次）』として，各種プロジェクトを推進してきました．2014年3月末時点の進捗報告によると，計画事業費（1,185億2,200万円）に対する進捗率は89.9％，2013年度までに着手することとしていた211取組の着手率は100％，そのうち入札不調等により一部遅延した取組を除き，計画通りに進捗している取組数は188取組（89.1％）となっています．これらの数値から，市側では全体としておおむね計画通りに復興事業が進捗していると評価しています．

都市計画やまちづくりの分野では，津波被災地域に対しては地域住民の意向も踏まえて「いわき市津波被災市街地土地利用方針」が策定され，復興まちづくりが進んでいます．あわせて，大震災により住宅を失い，自力で再建できない方には，災害公営住宅を市内16箇所に1,512戸（集合住宅型1,366戸，戸建型146戸）を建設し，一部ではすでに入居も始まっています．

2）いわき市が抱える今後のまちづくり課題

このようにいわき市の復興は着実に進んでいますが，その一方で，中長期的観点からは多くの課題も見えてきました．いわき市では被災市民と原発立地地域からの避難者の住宅需要の高まりを受けて，従来は宅地として望まれない不

整形や狭小の土地においても開発行為が進み，結果的に広域的に見ても地区レベルで見ても分散型でモザイク状の市街地が形成されつつあることを指摘されています（齋藤，2014）．さらに，より中長期的な観点からは，いわき市内において公共交通撤退の危険性が最も強く認識されている地域では，潜在的な転居意向も高い傾向にあることも明らかにされています（森・谷口，2014）．

　すなわち，いわき市では短期的には被災地域の復興事業や新たな開発需要に対応しながらも，中長期的には広大な市域の中でいかにしてバランスよく行政サービスを展開していくかが問われています．加えて，いわき市の持続可能な都市発展を進めていくためには，地元の若い世代が地元のまちづくりに関心を持ち，それを実践していくことが何よりも重要といえます．

(2) 高大連携まちづくりワークショップ
1) 高大連携まちづくりワークショップと筑波大学

　筑波大学からいわき市までは道路距離 144 km（直線距離 126 km）であり，地元の福島大学までの道路距離の 108 km（直線距離 80 km）と比較してもアクセスに関して遜色はありません．このような地域条件や，**表 10.2** に示す 2007 年度からの継続的な経験を踏まえて，筑波大学は 2013 年度からいわき市での高大連携まちづくりワークショップを開催しています．

表 10.2　筑波大学社会工学専攻の高大連携まちづくりワークショップ実績

年度	タイトル	参加高校・人数
2007	高校生の視座による茨城のまちづくり	鉾田一・31 人
2008	茨城県 5 校交流による地域再生プロジェクト	太田一，水戸一，鉾田一，石岡一・24 人
2009	常陸太田のまちづくりを構想する	太田一，太田二，佐竹，里美・30 人
2009	中学生が誇る石岡の原風景	石岡市内中学生・32 人
2010	数理的考察に基づく高校生による常陸太田復権計画	太田一，太田二，佐竹，里美・42 人
2011	若い世代による土浦市中心市街地活性化プラン	土浦一，土浦二，土浦三・43 人
2013	高校生によるいわき市まちづくり計画	磐城桜が丘，磐城・42 人
2014	いわき市高校生による地方創生プラン	磐城桜が丘，磐城，福島高専・32 人

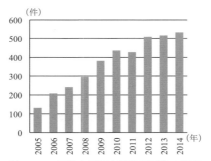

図 10.12　筑波大学高大連携事業数の推移

　筑波大学ではその前身が東京教育大学でそのDNAを引き継いでいることもあり，まちづくり分野以外でも高校と大学がそれぞれの垣根を越えて活動する高大連携活動が活発です．**図 10.12** のヒストグラムは，2005年以降の高大連携活動実績を示しています．大震災の影響もあり2011年度は減少しましたが，おおむね着実に増加傾向といえ，2012〜2014年度までの3年間では500件を超えています．これを支えているのが，日本初の公開型の高大連携データベースです．2009年2月に開設し，2005年以降の実績すべての情報を公開しています．なお，Googleで「高大連携」を検索すると筑波大学は約36万件中第1位となります（2015年6月時点）．

2) いわき市高校生らとのまちづくりワークショップ

　2013年度の内容は盆子原・赤澤（2014）で紹介されていますので，ここでは2014年度最新の様子を紹介します．6月のオリエンテーションからスタートし，8月の2泊3日のワークショップでいわき市の復興ビジョンを踏まえて内容を固めました．そして，11月の筑波大学高大連携シンポジウム，2月のいわき芸術文化交流館アリオスでのシンポジウムで発表するという，計四つのイベントで構成しました．磐城桜が丘高等学校，磐城高等学校，福島工業高等専門学校の3校から計32人の高校生・高専生の参加がありました．参加した高校生・高専生を1班5人程度の7班に分け，各班に筑波大学学生をファシリテーターとして割り付けました．「自然・歴史・文化による活性化プラン〜郷土からの仕掛け〜」「健康・安心・安全の社会づくり〜良好な生活空間の創出〜」

など，各班ではいわき市まちづくりの方向性を見出すテーマに取り組み，新しい提案をすることが課せられました．なお，筑波大学が2011年8月に震災復興連携協定を締結したいわき市，いわきアリオス，復興庁福島復興局，内閣府には，復興進捗状況の現地見学，ヒアリング，データ収集等において多方面から協力をいただきました．

本事業の核となるのは，8月のいわき市内でのワークショップです．**表10.3**のように，2泊3日のスケジュールの中には，教員からのまちづくり提案に向けたヒントの紹介，まち歩き，KJ法（付箋を用いた意見図解方法の一つ，

表10.3　2014年度のいわき市内でのワークショップスケジュール

日付・会場	時間	内容
8月9日 いわき市生涯学習プラザ	9:30 - 11:00	① 顔合わせ・自己紹介 ② 趣旨説明（大澤義明・筑波大学システム情報系教授） ③ 講義「まちづくりを考えるヒント」
	11:00 - 16:00	④ 班ごとのフィールドワーク ⑤ KJ法によるまち歩きの意見集約
	16:00 - 17:30	⑥ KJ法成果発表会 ⑦ 一日のまとめ
8月10日 いわき市生涯学習プラザ	9:00 - 12:00	⑧ 筑波大学生による空間解析演習講座 （人口予測，GIS，景観シミュレーション等） ⑨ 講義「巨大地震の発生メカニズム」
	12:00 - 17:00	⑩ 班ごとのグループ作業
	17:00 - 17:30	⑪ 一日のまとめ
8月11日 いわき市芸術文化交流館アリオス	9:00 - 9:30	⑫ 講義「いわき市のまちづくりの課題」（いわき市職員）
	9:30 - 15:00	⑬ 班ごとのグループ作業
	15:00 - 17:30	⑭ 成果発表会（いわき市・復興庁・筑波大学等が参加） ⑮ 総括・集合写真撮影

図10.13　いわきまちづくりワークショップ（左から作業風景，KJ法の発表，成果発表会）

図10.13参照）による課題抽出，市役所へのヒアリング，大学生・大学院生からのGIS（地理情報システム）や景観シミュレーション，データ分析の紹介などが組み込まれており，科学的方法に基づくまちづくり提案を行える基礎的知識と技術の習得が可能となっています．また，最終日には班ごとにグループ作業の成果を発表し，参加者の投票による最優秀賞・優秀賞の授与がありました（図10.13）．なお，ファシリテーターである大学生とは以下の4点を確認しました．第一に，高校生のアイディアを尊重するために周りはアイディアを押しつけないこと，第二に，グループワークを活性化させるために恥ずかしがり屋の高校生からも辛抱強く意見を引き出すこと，第三に，プレゼンテーション力の伸びしろに期待し原稿を読ませないこと，第四に，各グループのつまずきなどの課題を班をこえて共有しファシリテーター全員で対策を考えることです．

3）まちづくりワークショップの成果と課題

このワークショップの成果は，高校生・高専生が限られた時間の中で自分たちが暮らすいわき市について考え，より良いまちのあり方を提案したことだといえます．参加した高校生・高専生からも，ワークショップへの参加に対しては肯定的な評価を受けています．また，大学生には実学の場であり，教員・自治体関係者には，見過ごしている新鮮な発想やワカモノ目線での解決案を知ることになり，Win-Winの関係が構築できたことも一つの成果です．

今後の課題としては，このような高大連携事業をいかに息の長い活動として続けていくのか，提案から実現へのプロセスをいかに確保していくかにあります．そのためにも，活動のすそ野を広げ，地元の活動グループとの協働を進めることや，モデル事業として高校生・高専生のアイディアを部分的であったとしても実現化させ，暮らしが変わったと思えることでさらにまちづくりが進んでいくような肯定的な循環プロセスをデザインすることが極めて重要です．

(3) シルバー民主主義からの脱却―大震災が認識させたワカモノ目線―

人口減少・少子高齢化に拍車のかかった被災地におけるまちづくりでは，事前に解答が用意されていません．新しい課題に取り組むためには，冷静な頭脳とまちづくりに対する熱意が必要になります．さらに，外部からの知恵やアドバイスも受け入れる柔軟性が重要です．しかし，首長の任期も4年と短く，選

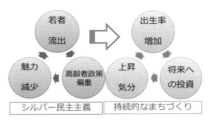

図 10.14 シルバー民主主義と持続可能なまちづくりの概念図

挙投票率が高く発言力のある高齢者を意識する傾向になります．高齢社会では，ともすれば，「今後もニーズが高まり続ける高齢者に向けた政策」が重視される可能性があります．もちろん，量的に考えて増加傾向の高齢者を優先する政策は重要です．しかし，それだけでは，根本的な解決策には必ずしもつながりません．むしろ場合によっては副作用となり，さらなる地域社会の魅力の減少につながり，これが若者の低投票率さらには若者や働き手の流出に拍車をかける負のスパイラルに陥りかねません．このようないわば高齢者に方向づけられたシルバー民主主義ではなく，いかにして持続可能なまちづくりに転換していくか，この構造改革が今まさに問われています（**図 10.14**）．

地域が保有する歴史，自然，文化等を次世代へ確実に引き継ぐためには，社会のこれからを担う世代の育成，さらにいえば，その前段階にあたる子育て環境の整備が極めて重要です．これを理念だけではなく実行に移すためには，各地域の強み・弱みを正しく理解し，どのような将来シナリオがありうるのかを若い世代とともに考え，意識を共有できるかが鍵になると思います．

10.5　持続的なまちづくりへの挑戦

本章では，東日本大震災の被災地のまちづくりを考えることが，我が国が直面する人口減少時代におけるまちづくりにも示唆を与えうるとの考えのもと，茨城県人口動態，庁舎移転問題，高校生によるまちづくり活動について述べてきました．本章を通して，科学的分析結果に基づく客観的な情報共有と次世代

によるまちづくりの重要性，今後のまちづくりの進むべき方向性を確認できたと思います．東日本大震災という悲劇を風化させることなく，この復興プロセスを糧に持続可能な都市のあり方を追求していきたいと思います．

参考文献（アルファベット順）

盆子原歩・赤澤邦夫（2014）高校生による復興まちづくり，オペレーションズ・リサーチ，59(6)，324–329．

盆子原歩・小林隆史・大澤義明（2014）給油所過疎地域に関する数理的考察，都市計画論文集，49(3)，603–608．

一條義治（2013）これからの総合計画，イマジン出版．

小林隆史・南博・大澤義明（2013）東日本大震災被災地茨城県の将来人口推計〜人口減・高齢化の加速〜，計画行政，36(3)，45–51．

国土交通省（2011）「国土の長期展望」中間とりまとめ，http://www.mlit.go.jp/policy/shingikai/kokudo03_sg_000030.html（参照 2015.6.1）．

栗田治（1999）都市施設の適切な数に関する数理モデル，日本建築学会計画系論文集，524，169–176．

増田寛也（2014）地方消滅—東京一極集中が招く人口急増，中央新書．

森英高・谷口守（2014）潜在的な転居意向の実態とその要因に関する調査報告—居住者の都市構造リスク認識という観点から—，都市計画論文集，49(3)，405–410．

日本経済新聞社産業地域研究所（2012）市役所建て替えラッシュ，日経グローカル，187，10–23．

大庫直樹（2013）人口減少時代の自治体経営改革，時事通信社．

大澤義明・松丸仁・南博・小林隆史（2012）市町村総合計画における計画人口の過大性〜北関東3県を対象として〜，計画行政，35(2)，51–59．

齋藤充弘（2014）復興にむけたいわき市の現状，都市計画，311，36–37．

鈴木勉（1999）移動損失基準による地域施設密度と人口密度の理論的関係に関する研究，日本建築学会計画系論文集，521，183–187．

高森賢司・小林隆史・大澤義明（2013）庁舎建設候補地の比較分析—全体合理性と個別合理性の離齬に着目して—，都市計画論文集，48(3)，915–920．

和田光平（2015）人口統計学の理論と推計への応用，オーム社．

巻末資料

「巨大地震による複合災害の統合的リスクマネジメント」の歩み

年度	月	内容
2010年度	3月	・東日本大震災の発災
2011年度	8月	・いわき市との連携協定締結
	11月	・仙台市，伊達市，潮来市，神栖市との連携協定締結
	12月	・北茨城市，高萩市との連携協定締結
	1月	・北茨城市，高萩市へ調査団の派遣 ・キックオフシンポジウム「希望につながる地域再生と大学－東日本大震災から学ぶもの－」＠つくば国際会議場
	2月	・鹿嶋市との連携協定締結
2012年度	4月	・文部科学省特別経費研究プロジェクトとして正式なスタート（6グループ総勢96人体制）
	7月	・筑波大学生命環境系にプロジェクト担当准教授の着任
	9月	・第一回プロジェクト研究会
	10月	・茨城県との第一回連絡会 ・茨城鹿行震災復興シンポジウム「知の貢献，安心安全な生活空間を創出する」＠神栖市平泉コミュニティセンター
	11月	・筑波大学システム情報系にプロジェクト担当助教の着任 ・茨城県北震災復興シンポジウム「まちづくりの転機，地域再生を追求する」＠高萩市文化会館
	3月	・プロジェクトのHP公開（http://megaquake.tsukuba.ac.jp/） ・平成24年度プロジェクト報告会＠筑波大学大学会館特別会議室
2013年度	5月	・筑波大学の定例記者会見にてプロジェクトの進捗報告 ・「いわき・筑波大学高大連携プロジェクト2013」のスタート
	8月	・神栖市との「まちづくり推進事業」のスタート
	10月	・茨城鹿行震災復興シンポジウム「復興鹿嶋のビジョン－子どもの未来を考える－」＠鹿嶋市大野ふれあいセンター ・筑波大学システム情報系にプロジェクト担当ポスドク研究員の着任
	11月	・筑波大学学園祭にて高大連携シンポジウム＠筑波大学
	12月	・茨城県北震災復興シンポジウム「東日本大震災からの教訓 －若い力とともに地域の絆を高める－」＠北茨城市民ふれあいセンター ・いわき市まちづくり復興シンポジウム「若い世代とともに未来への基盤を築く」＠いわき市産業創造館・企画展示ホール
	3月	・平成25年度プロジェクト報告会＠筑波大学大学会館特別会議室
2014年度	6月	・茨城県民大学講座「巨大地震と茨城の安心安全な都市づくり」＠取手市役所藤代庁舎（全10回の公開講座） ・「いわき・筑波大学高大連携プロジェクト2014」のスタート
	10月	・茨城鹿行震災復興シンポジウム「震災復興から創造的まちづくりへ－地域力を活かすためのつながり－」＠潮来市潮来公民館の開催 ・「巨大地震プロジェクト特別研究会」＠筑波大学総合研究B棟の開催
	11月	・筑波大学学園祭にて高大連携シンポジウム＠筑波大学
	12月	・茨城県北まちづくりシンポジウム「人口減少時代における持続可能な地域づくり」＠常陸太田市民交流センターの開催 ・「日本地震工学シンポジウム」にプロジェクトのブースを出展
	2月	・いわきまちづくり復興シンポジウム＠いわき芸術文化交流館小劇場
	3月	・平成26年度プロジェクト報告会＠筑波大学大学会館特別会議室
2015年度	6月	・「いわき・筑波大学高大連携プロジェクト2015」のスタート
	予定	・茨城震災復興シンポジウム ・茨城県民大学講座「巨大地震と茨城～今後の防災を学ぶ～」＠牛久市中央生涯学習センター（全10回の公開講座） ・筑波大学学園祭にて高大連携シンポジウム＠筑波大学

震災復興シンポジウム

巨大地震プロジェクト研究会

巨大地震プロジェクトのロゴ

シンポジウムのポスター

編著者・執筆者一覧（執筆順）

編 著 者
八木　勇治（筑波大学 生命環境系 准教授）
大澤　義明（筑波大学 システム情報系 教授）

執 筆 者
藤野　滋弘（筑波大学 生命環境系 助教）
Bogdan Enescu（筑波大学 生命環境系 准教授）
境　　有紀（筑波大学 システム情報系 教授）
武若　　聡（筑波大学 システム情報系 教授）
松島　亘志（筑波大学 システム情報系 教授）
金久保 利之（筑波大学 システム情報系 准教授）
八十島　章（筑波大学 システム情報系 助教）
磯部 大吾郎（筑波大学 システム情報系 教授）
庄司　　学（筑波大学 システム情報系 准教授）
山本　亨輔（筑波大学 システム情報系 助教）
田村　憲司（筑波大学 生命環境系 教授）
辻村　真貴（筑波大学 生命環境系 教授）
山路　恵子（筑波大学 生命環境系 准教授）
恩田　裕一（筑波大学 生命環境系 教授）
糸井川 栄一（筑波大学 システム情報系 教授）
梅本　通孝（筑波大学 システム情報系 准教授）
小林　隆史（東京工業大学 大学院情報理工学研究科 特任助教）
太田　尚孝（福山市立大学 都市経営学部 准教授）

索　引

あ　行

アーバスキュラー菌　149
アスペリティ　10
アラスカ地震（1964年）　66

イオン交換態　138
移行係数　151
岩手・宮城内陸地震（2008年）　59, 120

液状化　51, 66, 122
液状化危険度判定　70
液状化現象　14
液状化被害　122, 167

応答加速度　95
応答スペクトル　24, 108
応答変位　95
応力　3

か　行

海岸堤防　45
河川堤防　73
加速度　108
活断層　29
関東地震（1923年）　11, 55
関東ローム層　116

危険度評価　70
気象庁震度階級　7
既存不適格建築物　83
既存不適格建物　34
共助　165

共振　26, 117
強震観測点　19
共振現象　107
共生関係　148
行政コスト　182, 190
居住継続意向　173
緊急地震速報　31

空間線量率　140
グーテンベルグ・リヒター則（G–R則）　8

計画人口　185, 186, 189
計測震度　7, 21
芸予地震（2001年）　36
限界状態設計法　129
建築基準法施行令改正　76
元禄関東地震（1703年）　11

構造耐震指標　85, 87
構造耐震判定指標　88
高大連携　196, 197
固定態　138
個別要素法（DEM）　98
固有周期　24, 106, 116
根圏　148
痕跡高　41, 43
コンパクトシティ　190

さ　行

災害対策基本法　157
再来間隔　17
サンフランシスコ地震（1906年）　2
サンフランシスコ大火災　2

地震　5
地震応答解析　94
地震災害　33
地震断層説　9
地震動　5, 116
地震波　5
地震ハザードステーション　56
地震被害調査　19
地震モーメント　8
地震予知　35
自然斜面　57
事前対策　163
市町村別転入超過数　187
実体波　6
室内被害状況　159
シデロフォア　150
地盤工学　54
地盤災害　51
社会的基盤施設　115
斜面崩壊　57, 61, 115, 118
重金属蓄積性植物　149, 150
宿主特異性　149
首都直下地震　35, 157
貞観地震（869年）　14
仕様規定型設計法　127
将来人口　185, 186, 187, 189
昭和東南海地震（1944年）　10, 15
昭和南海地震（1946年）　11, 15
植物と微生物の相互作用　148
除染　152
震源特性　29
人口減少・少子高齢化　181, 182
人口構造課題　181
人口動態　184
浸水深　41, 81, 125
新耐震設計法　83
震度　7, 26

推計人口　185, 186, 187
垂直応力　3
水平耐力　89
スウェーデン式貫入試験　56
数値シミュレーション　97
数値積分点　99
スマトラ島沖地震（2004年）　17

性能照査型設計　127
セシウム134　138
セシウム137　138
せん断応力　3
せん断ひび割れ　81

増幅率　54
遡上高　41
塑性　98

た　行

耐震改修促進計画　84
耐震化率　75
耐震規定　34
耐震工学　34
耐震診断　83, 84
耐津波設計　126
短周期地震動　31
弾性　3, 98, 129
弾性体　5
弾性反発説　3

チェルノブイリ原発事故　143, 144
地殻変動　12
地表面最大速度（PGV）　120
中国・四川大地震（2008年）　118
中心市街地活性化　190
長周期地震動　6, 26, 107, 116, 121

津波　14, 39, 115, 124
津波警報　31
津波堆積物　12, 14, 49

ディレクティビティ効果　10

棟間衝突　106
棟間衝突解析　97
棟間衝突現象　98
東京電力福島第一原子力発電所　43
動態　137
東北地方太平洋沖地震（2011年）　1
十勝沖地震（1968年）　76
十勝沖地震（2003年）　29
土砂災害防止法　64
土石流　59, 64, 65

な　行

南海トラフ　15
南海トラフ地震津波　126

新潟県中越地震（2004年）　57, 66
新潟地震（1964年）　66
日本三代実録　14

濃尾地震（1891年）　36
能登半島地震（2007年）　29

は　行

白鳳地震（684年）　15
波高　40
破断臨界値　101
ばね-質点のモデル　54
阪神・淡路大震災（1995年）　10, 23, 115, 128

東日本大震災（2011年）　19, 23, 115, 118
避難行動　157
避難実施状況　161
兵庫県南部地震（1995年）　67, 97, 116
標準貫入試験　56
表面波　6

福井地震（1948年）　66
福島第一原子力発電所　133, 137, 195
浮遊砂　146
プレート境界　4
プレートテクトニクス　4
不連続体力学　98
不連続変形法（DDA）　98
分級現象　53
噴砂　14

変形性能　89

防災教育　179
防災対策状況　159
防災備蓄対策　165
放射性セシウム　137, 138, 140, 141, 142, 143, 145, 148, 149, 152, 153
放射性物質　137
放射能濃度　141
保有性能基本指標　87

ま　行

マグニチュード　7
まちづくりワークショップ　183, 194, 196

水循環プロセス　143
宮城県沖地震（1978年）　76

メキシコ地震（1985 年）　6, 97, 107
免震構造　116
免震装置　116

モーメントマグニチュード　8
木造建物全壊率　32
盛土　57

や　行

有限要素法　99

ヨウ素 131　138

ら　行

ラブ波　6

リター層　140
流出土砂　145

レイリー波　6
レベル 1 地震動　128, 135
レベル 2 地震動　128, 135
連続体力学　98

わ　行

ワカモノ目線　199

アルファベット

ASI-Gauss 法　98
L1 津波　47, 135
L2 津波　47, 135
P 波　6
S 波　6

巨大地震による複合災害
―発生メカニズム・被害・都市や地域の復興―

2015年11月25日初版発行

編著者　八木　勇治・大澤　義明

発行所　筑波大学出版会
〒 305-8577
茨城県つくば市天王台 1-1-1
電話（029）853-2050
http://www.press.tsukuba.ac.jp/

発売所　丸善出版株式会社
〒 101-0051
東京都千代田区神田神保町 2-17
電話（03）3512-3256
http://pub.maruzen.co.jp/

編集・制作協力　丸善プラネット株式会社

©Yuji YAGI, Yoshiaki OHSAWA, 2015　　　Printed in Japan
組版／月明組版
印刷・製本／富士美術印刷株式会社
ISBN978-4-904074-38-1 C3044